KB187632

철학자의 눈으로 본

첨단과학과 불교

Technology and Buddhism through a philosopher's eyes

Written by Sanghun Rheey.
Published by Sallim Publishing Co., Ltd., Korea, 2017.

철학자의 눈으로 본

첨단과학과 불교

인공지능과 불멸을 꿈꾸는 시대, 불교는 무엇을 할 수 있는가?

이상헌 지음

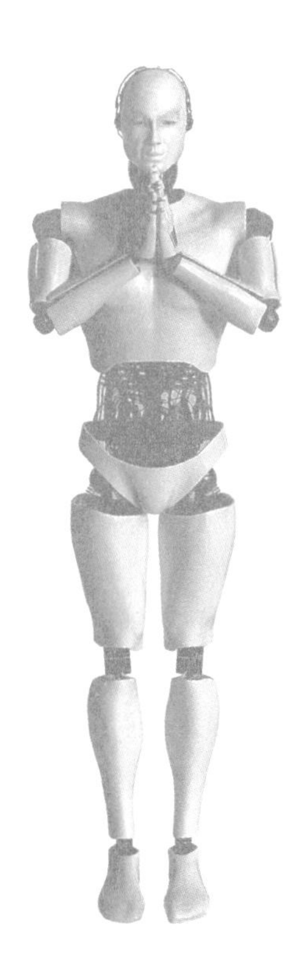

살림

첨단 과학기술과 불교, 얼핏 보면 어울리지 않는다. 불교는 인류의 가장 오래된 종교이자 사상이고, 첨단 과학기술은 가장 최근의 것이기 때문이다. 불교는 기원적 5세기에 보리수 아래서 깨달음을 얻은 석가모니의 가르침을 토대로 성립되었고, 이른바 신생 기술로 대표되는 첨단 과학기술은 1990년대 이후에 주목을 받거나 시작되었다. 다루는 영역으로 보나, 성립 시기로 보나 첨단 과학기술과 불교는 잘 어울리지 않는 듯하다.

나의 주된 관심사는 과학기술에 대한 윤리적·철학적 성찰이다. 나는 한동안 첨단기술을 소개하는 일에 종사한 적이 있고, 그때 이후로 과학기술에 대한 관심과 접근성이 커졌다. 그래서 과학기술에 관한 책도 여러 권 번역했고, 칼럼도 다수 썼다. 한 10년쯤 첨단 과학기술에 매료되어 살았던 것 같다. 그러고 나서 점차 나 나름의 시각이 열리기 시작했다.

첨단 과학기술에 매료되어 있던 동안은 그것을 알아가는 즐거움이 컸고, 그런 기술들에 대해 일차적으로 긍정적인 태도를 지니게 되었다. 때로는 내가 첨단 과학기술의 전도사처럼 느껴졌다. 내 전공이

철학이다 보니 주변에는 첨단 과학기술에 대해 잘 모르는 이들이 많았다. 그들에게 내가 아는 것을 설명할 기회가 적지 않았고, 그래서 나를 과학주의자로 오해하는 이들도 더러 있었다.

사실, 초기에는 나도 새로운 과학기술을 탐닉하고 있었고, 그것을 습득하는 데 몰두했다. 과학기술에 관심을 두고 공부를 시작한 지 몇 년이 지나고 나니 깊지는 않지만 첨단 과학기술에 대해 이런저런 지식들이 쌓였다. 그때부터 철학 전공자로서의 나의 원래 모습이 다시 전면으로 부상하기 시작했다. 첨단 과학기술의 내용보다는 그것의 함축과 그로 인한 영향, 다시 말해 해당 기술의 철학적 함축, 그리고 그 기술이 실현되었을 때 인간의 삶과 사회, 문명에 대한 영향에 더 많은 관심을 기울이게 되었다.

그래서 나의 관심은 기술윤리적인 것이 되었다. 처음에는 생명공학과 의료기술의 윤리라는 의미에서 생명의료윤리에서 시작했지만, 나의 관심은 생명의료윤리에 머물지 않았다. 나노윤리, 로봇윤리, 신경윤리, 정보기술윤리 등 첨단 과학기술이 야기하는 윤리적 쟁점들이 모두 나의 관심사가 되었다. 첨단기술의 윤리적 쟁점에 대한 물음은 궁극적으로는 철학적 물음으로 향한다. 최근 나의 주된 관심은 기술윤리와 기술철학이다.

신생 기술로 대표되는 첨단기술에 대한 윤리적 쟁점이나 철학적 물음을 다루는 데 있어서 나의 태도와 관점은 지극히 서양철학적이었다. 특히 칸트를 비롯해 일부 철학자의 관점이 나의 논의에 여러 군데 배어 있다. 이것은 나의 전공이 주는 한계이다. 그러는 가운데 불교적 시각으로 첨단 과학기술의 쟁점들을 다뤄볼 수 있는 기회가 생겼다. 나는 불교 사상이 서양 사상의 주류적 전통에서 찾아볼 수 없는 신선한 관점을 내게 제공해줄 것으로 기대했고, 그 기대는 빗나가지 않았다.

첨단 과학기술을 불교적 시각에서 살펴볼 기회는 월간 『불교문화』가 제공해주었다. 나는 2015년 8월호부터 16개월 동안 "과학기술과 불교"라는 칼럼명으로 『불교문화』에 칼럼을 연재했다. 이 책은 그 16편의 칼럼을 모아 다듬은 것이다.

이 칼럼들은 내게는 모험적인 시도였다. 불교에는 문외한이면서 그동안 해왔던 기술윤리 및 기술철학적 작업을 확장해보려는 마음으로 모험을 감행한 것이다. 이 모험이 내게는 많은 경험과 다소간의 결실을 가져다주었다. 하지만 독자 여러분에게는 이 모험이 너무 과감한 것으로 보일지도 모른다. 하지만 이 모험은 내게는 매우 의미 있는 것이었으며, 모험을 통해 노렸던 목표도 어느 정도 달성했다.

이 책의 내용 가운데 사실에 관한 언급을 제외하고 윤리적·철학적 설명이나 불교적 관점으로부터의 반성은 오로지 나의 생각일 뿐이다. 오랫동안 불교 사상을 연구한 전문가들의 일반적 견해와 상당한 거리가 있을 수도 있다. 그리고 불교에 대한 나의 이해에 오해가 포함되어 있을 수도 있다. 나의 가장 큰 목적은 불교 사상에 기대서 첨단 과학기술을 서양철학적 시각과는 다른 시각에서 보는 것이었다.

이 책이 나오기까지 많은 분들의 도움을 받았다. 먼저 "과학기술과 불교"라는 칼럼을 연재할 기회를 준 월간 『불교문화』와 고영인 편집장께 감사드린다. 내가 월간 『불교문화』를 알게 된 것은 지식융합연구소 이인식 소장 덕분이다. 나의 칼럼 원고들을 읽고 책으로의 출간을 흔쾌히 결정해준 도서출판 살림과 서상미 편집장께도 감사의 말씀을 전한다. 마지막으로 이 책의 디자인을 맡아 수고해준 서재형 실장께도 고마운 마음을 전한다.

2017. 4. 17.

이상헌

차례

1부 인공지능, 뇌, 그리고 불교

2부 생명, 자연, 그리고 불교

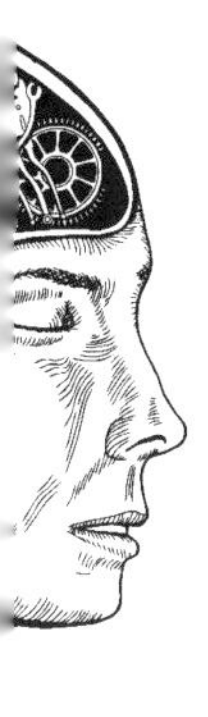

3부 기술, 유토피아, 그리고 불교

1부

인공지능, 뇌, 그리고 불교

1장
불교적 관점에서 본 인공지능

과학기술의 시대를 반영하듯 요즘 SF 영화가 자주 영화관에 등장한다. SF의 소재는 다양하다. 미래의 세계를 만들어낼 과학기술들이 다양하기 때문이다. 생명공학도 있고, 나노기술도 있고, 우주항공기술이나 정보통신기술도 있다. 하지만 그 중에서 특히 요즘에 많이 등장하는 소재가 인공지능 혹은 지능 로봇이다. 최근 몇 년 사이만 해도 〈더 머신〉(2012), 〈그녀〉(2013), 〈트랜센던스〉(2014), 〈엑스

마키나〉(2015), 〈채피〉(2015), 〈터미네이터 제네시스〉(2015) 등의 영화가 개봉되었다. 이 작품들은 공통적으로 인공지능의 미래를 상상하고 있다. 레이 커즈와일(Ray Kurzweil)이 예견한 특이점(singularity) 근처의 인공지능을 그리고 있다. 특이점이란, 간단히 말하면 인공지능이 인간의 자연적 지능을 모든 면에서 능가하는 지점을 말한다.

인공지능의 미래를 예견하고, 고도로 발달된 인공지능의 등장으로 나타날 새로운 현상과 문제점들을 고민한 대표적인 인물은 세계적인 SF 작가인 아이작 아시모프(Isaac Asimov)이다. 아시모프는 인공지능의 발전으로 야기될 상황들을 소설을 통해 진지하게 성찰하였다. 근래에 개봉되었던 영화들 가운데 인공지능을 다룬 대표적인 작품들인 〈바이센테니얼 맨〉(2000), 〈A.I.〉(2001), 〈아이 로봇〉(2004) 등은 모두 아시모프의 작품을 모티프로 한 것들이다.

인공지능, 무엇이 문제인가?

인공지능에 관련된 쟁점들은 대중적 관심과 학술적 관심으로 나누어 생각해 볼 수 있다. 인공지능에 관한 대중적 관심은 SF 소설 또는 영화에서 주로 표현되어 왔다. 특히 할리우드 영화에서 묘사되는 인공지능에 관한 대중적 관심은 일차적으로 호기심과 두려움이다.

"할리우드 영화에서 묘사되는 인공지능에 관한 대중적 관심은 일차적으로 호기심과 두려움이다. 발달된 인공지능이 바꿔 놓을 삶의 환경을 호기심 있게 묘사하고, 새로운 지능이 인간에게 얼마나 위협적이며, 얼마나 위험한 것일 수 있는지를 보여준다."

발달된 인공지능이 바꿔 놓을 삶의 환경을 호기심 있게 묘사하고, 새로운 지능이 인간에게 얼마나 위협적이며, 얼마나 위험한 것일 수 있는지를 보여준다. 기계에 대한 두려움을 서양인들은 19세기 초반에 러다이트 운동을 통해 표현한 바 있다. 그것은 기계의 도입으로 일자리를 잃게 된 방직 기술자들이 보여준 저항이었다.

인간에게 인공지능은 편리함을 가져다주지만, 다른 한편으로는 인간의 노동권을 위협한다. 자동화된 기계가 인간 육체노동의 부담을 덜어주었고, 인공지능 프로그램이 정신노동을 상당 부분 대체하였다. 인간 대신 노동을 하는 인공지능이란 인간을 위한 편리한 도구 혹은 수단일 수 있다. 하지만 이런 인공지능이 인간의 능력을 능가할 때, 다시 말하면 인공지능이 인간 못지않은 사고 능력을 지니게 되고, 인간처럼 감정을 가지게 될 때 인공지능은 인간의 지배를 벗어나게 될 것이라는 두려움을 사람들은 품고 있다. 인공지능을 지닌 로봇의 폭동이나 인간과 로봇의 미래 전쟁을 상상하는 것은 이러한 두려움의 표현이다. 로봇이라는 용어를 만들어 낸 것으로 유명한 카렐 차페크의 희곡 〈로숨의 유니버설 로봇〉에서도 인간을 대신해 노동을 하던 인공지능 로봇들이 감정을 지니게 되면서 인간에게 반항하고 폭동을 일으키는 장면으로 극의 절정을 보여준다. 이렇게 대중적 관심에서 인공지능의 문제는 인공지능의 위험성에 집중되어 있다.

학술적인 관심에서 인공지능은 좀 다른 문제들을 야기한다. 인공지능은 특정한 학문 혹은 연구 분야를 가리키는 말로 사용된다. 인공지능은 지각 능력, 계산 능력, 학습 능력, 문제 해결 능력, 언어 이해 능력, 자율적 판단 능력, 감정 표현 능력 등 인간의 지능을 컴퓨터를 통해 구현하는 연구를 하는 분야이다. 이 분야가 공식적으로 등장한 것은 1956년 여름이다. 미국 다트머스대학의 수학과 교수 존 매카시가 기계의 지능에 관심 있는 일군의 학자들을 초청하여 '인공지능에 관한 다트머스 여름 연구 프로젝트'라는 학술 모임을 개최하였다. 인공지능에 대한 합의된 결론에 도달했는지 여부로 따진다면 이 모임은 성공적이지 않았다. 인공지능 연구자들이 강한 개성을 드러내며 자신만의 독특한 논의를 선보였기 때문이다. 현재까지도 인공지능 연구자들은 인공지능에 대해 매우 다양한 시각을 보여준다.

미국의 철학자 존 서얼(John Searle)은 인공지능 연구가 궁극적으로 도달하려고 하는 목표에 따라 약한 인공지능(weak AI)과 강한 인공지능(strong AI)을 구분하였다. 약한 인공지능을 주장하는 사람들은 인간과 같은 지능을 지닌 컴퓨터를 만들 수 있다는 데 동의하지 않는다. 대신 그들은 인간의 인지과정을 이해하는 데 컴퓨터를 이용한 시뮬레이션이 주요한 연구 수단이 될 수 있다고 생각한다. 영화에서 볼 수 있는 인간처럼 사고하고 감정을 느끼는 인공지능은 가능하다고 믿지 않는다. 강한 인공지능은 인간에 버금가는, 심지어 인간을 능가하는 지능을 지닌 인공지능을 만들어내는 것을 목표로 삼고 있다. 강한 인공지능을 주장하는 사람들은 인간의 인지과정을 컴퓨터로 구현해낼 수 있으며, 그렇게 구현해낸 인공지능은 실제로 인간처럼 사고하고 감정을 느끼는 존재라고 주장한다.

그러므로 학술적 관심에서 인공지능의 문제는 일차적으로 '인공지능이 가능한가?'라는 쟁점에 초점이 맞추어져 있다. 이 물음과 관련해서 '인공지능이란 무엇인가?', '인공지능을 어떻게 구현할 수 있는가?', '인공지능의 지위를 어떻게 설정해야 하는가?' 등의 문제들이 생긴다.

인간처럼 생각하는 인공지능이 가능한가?

일부 연구자를 제외하면 사람들은 이 물음에 대해 부정적으로 답변할 것이다. 사람들은 강한 인공지능의 입장에 대해 찬성하고 싶지 않을 것이다. 미래에 인간처럼 생각하고 느끼는 인공지능이 실제로 기술적으로 가능할지 여부를 떠나서, 이 물음에 대한 부정적 태도에는 몇 가지 믿음이 바탕에 깔려 있는 듯하다. 이 믿음들은 서구적 사고에 뿌리를 둔 것들이다. 하지만 불교적 관점에서 보면 그것들이 오해라고 이야기될 수 있다. 인공지능의 기술적 실현 가능성은 논외로 하고 불교적 관점에서는 인공지능에 대해 기존과는 다른 이해 방식,

다른 접근을 할 수 있다. '인공지능이 가능한가?'라는 물음에 대해 불교는 서양적 사고와는 다른 식으로 답변할 수 있다.

첫 번째 오해는 인공지능이 영혼 혹은 마음이라고 부를 수 있는 것이 없기 때문에 사고할 수 없다는 믿음이다. 과거 철학자들은 마음을 영혼이라고 불렀다. 종교적 성향을 지닌 사람들은 마음보다 영혼이라는 표현을 더 좋아할 듯하다. 오늘날은 실체적인 것으로서의 영혼에 대해 말하기를 꺼리는 경향이 있고, 일반적으로 마음이라고 한다. 인간의 사고는 마음의 작용인데, 인공지능은 마음이 없다. 그런데 인공지능 연구는 인공 마음을 만들어내는 것을 목표로 삼지 않는다. 혹시 마음의 중요성을 인정하고 있는 인공지능 연구자가 있다면, 그는 마음이 창발하는(emergent) 것 정도로 이해하지 마음을 직접 만들어내려는 시도는 하지 않을 것이다.

불교적 관점에서는 다른 방식의 이해가 가능하다. 불교에서는 사고와 마음이 반드시 연결되어 있는 것으로 보고 있지 않다. 마음만이 사고의 원천이 아니기 때문이다. 우리의 두뇌도 사고의 한 원천이 될 수 있고, 몸도 사고의 원천이 될 수 있다. 불교적 관점에서는 사고를 서구적 전통에서와 달리 좀더 넓은 의미로 해석할 수 있다. 우리가 사고할 수 있는 것은 지능이 있기 때문이다. 그러므로 사고와 지능은 논리적으로 연관되어 있다. 그런데 지능은 여러 원천을 갖는다. 불교적 관점에서 지능의 원천을 크게 세 가지로 볼 수 있다. 즉 인간, 공동

"우리 신체와 비슷하고, 우리 행동을 가능한 한 흉내 낼 수 있는 기계가 있다고 하더라도, 그것이 진정한 인간일 수 없다 … 그 기계는 우리가 다른 사람에게 우리 생각을 알게 할 때처럼, 말을 사용하거나 다른 기호를 조립하여 사용하는 일이 결코 없다 … 그 기계가 우리 못지않게 혹은 종종 더 잘 많은 일을 처리한다고 하더라도, 역시 무언가 다른 일에 있어서는 하지 못하는 일이 있으며, 이로부터 그 기계는 인간이 아니라 기관의 배치에 의해서만 움직인다는 것이 드러난다."
(르네 데카르트, 『방법서설』 5부)

체, 전체로서의 세계가 모두 지능을 가질 수 있다. 그리고 인간의 경우는 몸과 마음이 각기 다른 지능을 가질 수 있다.

불교 역시 여러 종파가 있고, 수많은 불교 경전이 존재한다. 개인의 수행이나 명상, 선 등을 중시하는 불교적 전통에서 보면, 심장 또한 지능이 있다고 말할 수 있다. 심장이 지능적으로 작동하지 않는다면 우리 몸은 극도로 쇠약해지고, 결국에는 생명을 잃게 될 것이다. 심장이 지능적으로 작동하기 때문에 우리는 늘 건강을 유지하고 생활할 수 있는 것이다. 그러므로 심장에는 지능이 있고, 그렇기 때문에 심장도 생각한다고 말할 수 있다.

마음뿐 아니라 몸도 생각한다

서양적 사고에서 생각은 마음의 작용이며, 의식적인 활동이다. 서얼이 중국어방 논변을 통해 튜링 테스트를 반박한 요지 가운데 하나도 튜링 테스트를 통과한 컴퓨터가 있다고 해도, 그 컴퓨터는 의식이 없으며, 그런 의미에서 지능을 가졌다고, 진정으로 생각한다고 말할 수 없다는 것이다. 하지만 불교적 관점에서는 사고와 의식을 필연적으로 연관된 것으로 보지 않을 수 있다. 사고에는 의식을 요구하는 사고와 의식을 요구하지 않는 사고가 있다. 예컨대, 심장과 같은 우

튜링 테스트

영국의 천재 수학자 앨런 튜링(Alan Turing, 1912-1954)이 고안한 튜링 테스트는 인공지능이 생각할 수 있는지를 판정하는 실험이다. 우리(피실험자)가 컴퓨터가 있는 방에 혼자 앉아 있고 다른 두 개의 방에 각각 사람과 컴퓨터가 있다. 우리는 이 두 방의 사람 혹은 컴퓨터와 모니터를 통해 대화한다. 우리가 질문을 하고 각 방의 사람 혹은 컴퓨터가 답변을 한다. 이런 식으로 대화를 한 후에 우리가 어느 방에 사람 없이 컴퓨터만 있는지 판정한다. 만일 충분한 시간과 여러 질문을 통해서도 어느 방에 사람이 있고 어느 방에 컴퓨터만 있는지 구분할 수 없다면, 결론적으로 컴퓨터가 사고할 수 있다고 해야 할 것이다.

중국어방 논변

존 서얼은 튜링 테스트가 인공지능이 생각할 수 있는지 여부를 판정하는 지표로 적합하지 않다는 것을 보여주기 위해 '중국어방 논변'이라는 사고실험을 고안하였다. 미국인과 중국인 각 한 사람이 방을 두고 안과 밖에 있다. 방안의 미국인은 중국어를 전혀 모른다. 이들은 서로 중국 문자를 적은 종이를 주고받으며 대화하는데, 미국인에게는 대화에 사용되는 중국어 문자의 나열에 답변할 수 있는 완벽한 규칙 목록이 있다. 그는 그 목록에서 중국인이 보내온 문자열에 대응하는 답변을 찾아서 다시 중국인에게 보낸다. 이런 식으로 대화를 진행하면, 중국인은 방안의 사람이 중국어를 할 줄 안다고 생각할 것이다. 이 사고실험은 튜링 테스트를 통과한 인공지능 시스템도 언어를 이해한다고 볼 수 없다는 점을 보여준다.

"감정은 기계적인 것과는 거리가 멀고,
기계적인 것에 의해 야기되지 않는다.
감정이 기계적이지 않은 이유는 감정을 의도적으로
만들어낼 수 없기 때문이다. 감정은 의도하지 않아도
의식에 나타나는 것이다."

리의 신체 기관은 지능적으로 작동하며, 따라서 사고한다고 할 수 있지만 의식은 없다.

서얼은 사고가 의식적인 과정이라고 인간중심적인 가정을 하고 있다. 사고에도 다양한 형태가 있다. 어떤 사고에는 의식이 수반되어야 하고, 어떤 사고에는 의식이 수반되지 않아도 된다. 사고와 의식 사이에는 필연적인 연관 관계가 없다. 우리의 마음도 늘 의식적인 상태에 있는 것이 아니다. 마음의 기본적 기능 가운데 하나는 과거에 경험한 인식, 행위, 학습 내용 등을 저장하는 것인데, 이러한 마음은 심층에 잠재해 있다. 이러한 역할을 하는 마음의 부분은 무의식적 마음이다.

이런 맥락에서 볼 때, 생각하고 지능을 지닌 기계가 가능할 수 있다는 주장에 불교는 반대하지 않을 것이다. 세상에 존재하는 것은 물질과 마음, 두 범주로 구분할 수 있다. 마음은 사고의 원천이다. 그런데 의식적인 사고도 있고, 의식적이지 않은 사고도 있다. 이 두 가지 사고 모두 마음의 작용이다. 더욱이 물질도 사고한다. 이 점에서 불교적 관점은 서구적 관점과 사뭇 다르다. 물질적 사고 역시 의식을 수반하는 것과 의식을 수반하지 않는 것이 있다. 의식을 수반하여 사고하는 물질로 두뇌를 예로 들 수 있고, 의식 없이 사고하는 물질로 심장을 꼽을 수 있다. 또한 불교에 따르면, 때때로 무의식적 사고가 의식적 사고보다 낫다. 때로 지능은 의식으로부터 차단될 필요가 있기도 하다. 불교적 관점에서 보면 사고, 이해, 지능의 가능성에 대해 물질과 마음 사이에 차이가 없다고 생각된다.

감정이 없는 인공지능은 진정한 지능이 아니다

두 번째 오해는 인공지능이 감정을 지닐 수 없기 때문에 사고할 수 없다는 믿음이다. 인공지능은 감정이 없다. 물론 인간의 감정에 반응하는 정서 로봇(affective robot)에 대한 연구가 오래전부터 진행되어 왔지만, 정확하게 말하면 인공적인 정서란 인간처럼 희로애락애오구를 느끼는 것이 아니라 계산적이고 조작적인 방식에 의해 인간의 정서 변화에 반응하고 인간의 감정을 외양적으로 모의하는 것에 불과하다. 감정은 기계적인 것과는 거리가 멀고, 기계적인 것에 의해 야기되지 않는다. 감정이 기계적이지 않은 이유는 감정을 의도적으로 만들어낼 수 없기 때문이다. 감정은 의도하지 않아도 의식에 나타나는 것이다. 예를 들어, 슬픔을 의욕하는 것만으로 슬퍼진다면, 기쁨을 의욕하는 것만으로 행복해질 수 있을 것이다. 하지만 그렇지 않기 때문에 감정을 기계적으로 생산해낼 수 없다.

불교적 가르침에 따르면, 감정과 사고는 논리적으로 서로 연관되어 있지 않다. 감정에는 긍정적인 것과 부정적인 것이 있는데, 최고의 경지에 이른 사람인 아라한타(arahanta)는 긍정적 감정과 부정적 감정 양자로부터 자유로워진 사람이다.

정서 로봇은 감정에 반응하지 않는 로봇보다 훨씬 더 우리에게 유용할 것이다. 정서에 반응하는 컴퓨터와 각종 전자기기, 정서에 반응하는 컴퓨터 프로그램이나 게임 등은 인간의 감정에 아무런 반응을 보이지 않는 것들보다 활용도가 훨씬 높을 것이다. 그렇지만 인간과 같은 감정을 갖고 있지 않다고 해서 지능이 없다거나, 사고 능력이 없다고 할 수 없다. 대부분의 동물들도 인간과 다른 감정을 가지고 있지 않은가? 더욱이 훨씬 더 많은 생명체들은 감정 자체를 가지고 있지 않을 수 있다. 불교적 관점에서는 모든 생명체는 생각할 수 있으며, 지능을 가지고 있다고 할 수 있다. 그러므로 감정이 없는 인공지능도 생각할 수 있고, 지능이 있다고 말하는 것이 전혀 이상하지 않다.

2장 인공지능과 불성

✕ 인공지능 혹은 지능기계가 아무리 발전한다고 해도 그것은 단지 기계일 뿐이지 생명이 아니라는 견해가 있다. 이 견해에 따르면, 생명체가 아니므로 인공지능에게 있어서 생각이라고 하는 것도 사실은 기계적 절차에 불과하다. 쉽게 말해, 돌멩이에게는 생각이 있을까? 쓰레기더미 속의 나무토막이 무슨 생각을 가졌을까? 생각은 생명체의 활동이다. 그러므로 기계가 생각한다는 것은 정확한 표현

이 아니며 수사적인 표현에 불과하다. 기계는 진정한 의미에서 '생각'을 할 수 없다.

불교적 사고는 이런 사고로부터 조금 더 자유롭다. 마음뿐만 아니라 몸도 생각할 수 있다고 보기 때문이다. 그리고 생각하는 몸이 반드시 마음에 연결되어 있어야 하는 것도 아니다. 서양의 신들과는 다르지만 불교에서도 신들에 대해 이야기하고 있다. 신들은 생물학적인 것이라고 할 수 없지만 생각한다. 더욱이 불교에서 말하는 부처는 생물학적인 어떤 것이 아니다. 그러므로 불교적 시각에서 보면, 생각하는 것이 꼭 생명이어야 할 필요는 없지 않을까?

인공지능은 생명이 없는가?

몸이 생각한다고 할 때 생각하는 그 몸이 생명이 있는 것이라는 반박이 있을 수 있다. 그런데 현대의 컴퓨터과학에 인공생명(artificial life)이라는 연구 분야가 있다. 인공생명 연구를 통해 우리는 생명과 무생명의 경계가 우리의 생각보다 모호하다는 점과 인공생명, 즉 컴퓨터 프로그램 역시 생명의 특징을 지니고 있다는 점을 알게 된다.

생명이 있는 것처럼 행동하는 기계의 가능성에 대해 처음으로 의미 있는 답변을 내놓은 사람이 헝가리 출신의 수학자 폰 노이만(John

"스탠리 큐브릭
감독의 SF 영화
〈2001: 스페이스
오디세이〉(1968)에
등장하는 인공지능
컴퓨터 HAL9000은
마치 감정과 삶에 대한
욕망을 지닌 것처럼
묘사되어 있다."

von Neumann, 1903~1957)이다. 노이만은 20세기 가장 위대한 수학자 가운데 한 사람으로 꼽힌다. 그는 세계 최초의 전자식 컴퓨터인 ENIAC 개발에 기술 자문을 하는 등 20세기 컴퓨터과학의 발전에 지대한 공헌을 했다. 노이만이 고안한 세포자동자(cellular automata)는 인간의 두뇌처럼 정보를 처리하는 기계로서 계산 능력뿐 아니라 스스로 자신의 복제물을 생산하는 기능까지 갖추고 있다. 다시 말하면, 자기증식하는 자동 기계인 셈이다. 증식은 생물과 무생물을 구분하는 주요 기준이다.

1980년대 중반에는 인공생명(artificial life)이라는 연구 분야가 탄생하였다. 인공생명을 하나의 연구 분야로 출범시킨 주인공은 미국의 컴퓨터과학자 크리스토퍼 랭턴(Christopher Langton, 1948~)이다. 랭턴은 인공생명이라는 용어를 만들었으며, 1987년에 인공생명을 하나의 학분 분야로 천명한 세미나를 개최하였다. 그는 생명을 컴퓨터 안에서 인공적으로 합성해 낼 수 있다고 믿었다. 인공생명 연구자들은 생명을 다양한 구성요소들의 상호작용을 통해서 복잡한 집합체로부터 출현하는 현상으로 이해한다. 그들은 생명체를 구성하는 특정한 물질의 특성이 아니라 그런 물질들이 적절한 방식으로 조직되었을 때 물질들의 상호작용 속에서 창발하는(emergent) 현상을 생명으로 본다.

인공생명 연구의 대표적인 영역이 컴퓨터 바이러스이다. 특히, 컴퓨터를 사용하는 사람이라면 누구나 알고 있는 컴퓨터 바이러스는 생명체의 주요한 특성을 대부분 충족시킨다. 생명은 특정 물질이라기보다는 패턴인데, 컴퓨터 바이러스 역시 기억장치에 기록되는 패턴이다. 또한 생명은 증식 능력을 갖추고 있는데, 컴퓨터 바이러스의 대표적인 특성이 자기증식이다. 이런 점에서 보면 컴퓨터 바이러스는 생명의 특징들을 지니고 있다. 물론. 컴퓨터 바이러스 자체가 생명체는 아니지만, 컴퓨터 바이러스로 인해 연구자들은 컴퓨터 안에서 살아 움직이는 생명체를 만들어낼 수 있는 가능성을 확인하였으며, 컴퓨터를 이용해 생명의 본질을 이해하는 단초를 마련할 수 있다는 믿음을 갖게 되었다.

인공지능이 불성을 지닐 수 있는가?

스탠리 큐브릭 감독의 SF 영화 〈2001: 스페이스 오디세이〉(1968)에 등장하는 인공지능 컴퓨터 HAL9000은 마치 감정과 삶에 대한 욕망을 지닌 것처럼 묘사되어 있다. HAL9000의 전원을 끄려는 주인공 데이브를 설득하기 위한 말 속에서 그런 짐작을 할 수 있다. "두려워. 나는 두려워, 데이브. 데이브, 내 마음이 사라지고 있어. 난 느낄 수 있어. 느낄 수 있다고. 내 마음이 사라지고 있어. 의문의 여지가 없어. 난 느낄 수 있어. 난 느낄 수 있어. 난 느낄 수 있다고. 난… 두려워." 영화 〈바이센테니얼 맨〉에 등장하는 로봇인 앤드류는 주인집 딸을 사랑하게 된다. 인간의 상상력은 로봇이 지능을 가질 뿐만 아니라 감정이나 욕망을 가질 수 있는 날이 올 것이라고 상상한다. 그도 그럴 것이 로봇은 인간을 본떠서 만들어낸 인간의 상상력의 산물이기 때문이다. 그리고 우리나라 영화인 〈인류멸망보고서〉(2012)에서는 불심을 얻고 도를 깨우친 로봇이 등장한다. 과연 그런 일이 일어날 수 있을까?

인공지능에 대한 연구에는 몇 가지 기본적인 가정이 있다. 인간의 지능 작용에 관해서 인공지능 연구자들은 무언가를 이해하기 위해서는 먼저 그것을 개념화하는 단계를 거친다고 생각한다. 우리는 복잡한 문제를 해결할 때, 문제를 좀더 단순한 여러 개의 문제들로 쪼갠다. 그러고 나서 문제를 해결할 수 있는 모델을 찾고, 그 모델을 활용하여 문제해결을 시도한다. 인공지능 연구자들은 인간의 지능이 이와 같은 방식으로 작동한다면, 기계로도 똑같은 일을 같은 방식으로 처리할 수 있다고 주장한다. 다시 말해, 인간의 지능을 인공적으로 구현할 수 있다고 믿는다.

하지만 불교적 관점에서 보면, 이런 식의 인공지능 연구가 성공한다고 해도 인공지능은 세계와 인간 자신을 이해할 수 없다. 세계를 개념화하고 사고 모델로 변환해서 해석하려고 할 경우에 세계는 온

"불교에서는 세계에 대한 궁극적 이해는 언어나 모델로는 도달할 수 없는 경지라고 본다. 실재는 지각될 수는 있어도 결코 인식될 수는 없다. … 실재는 어떤 틀 속에 가둘 수 있는 것이 아니다. 실재는 끊임없이 변화하기 때문이다."

전히 포착되지 않기 때문이다. 불교에서는 세계에 대한 궁극적 이해는 언어나 모델로는 도달할 수 없는 경지라고 본다. 실재는 지각될 수는 있어도 결코 인식될 수는 없다. 인식한다는 말은 하나의 개념으로 규정한다는 말이다. 혹은 하나의 개념적 틀 속에 가둔다는 말이다. 그런데 실재는 어떤 틀 속에 가둘 수 있는 것이 아니다. 실재는 끊임없이 변화하기 때문이다. 우리는 우리 자신과 우리를 둘러싸고 있는 실재를 눈으로 보기도 하고 만지기도 하고 냄새 맡기도 할 수 있지만 언어 속에 가둘 수는 없다. 세계를 언어로 담아내려고 하고 모델화해서 이해하려는 인공지능은 불교에서 말하는 것과 같은 실재에 대한 궁극적 이해에 도달할 수 없다.

인공지능 연구의 한계를 지적한 훌륭한 이론적 근거가 있다. 유럽 태생의 미국 수학자 쿠르트 괴델(Kurt Goedel)은 논리 시스템에 대한 연구 끝에 불완전성 정리라는 놀라운 성과를 이루어냈다. 괴델은 공리체계에 기초한 모든 체계는 불완전해서, 그 체계 내에서 참이지만 증명될 수 없는 명제들이 있다는 점을 밝혀냈다. 이러한 불완전성은 체계의 내적인 성질이기 때문에 공리를 교체하거나 보완하는 방법으로 극복될 수 있는 것이 아니다. 괴델의 불완전성 정리는 인간의 가장 자랑할 만한 업적 가운데 하나인 논리 체계, 즉 수학에 심각한 약점이 있음을 입증한 것이다.

영국의 이론 물리학자이자 수학자인 로저 펜로즈(Roger Penrose,

1931~)는 괴델의 정리를 토대로 인공지능에 반대하는 주장을 폈다. 펜로즈는 인공지능 연구자들이 주도하는 마음에 대한 연구가 괴델의 불완전성 정리와 양자역학이라는 20세기 최고의 지적 성과가 갖는 함축을 무시하고 있다고 비판한다. 괴델의 정리는 인간의 의식에는 컴퓨터로 모의할 수 없는 특성이 있다는 것을 보여주며, 양자역학은 컴퓨터로 모의할 수 있는 수준인 뉴런보다 깊은 단계에서 의식의 문제를 다룰 수 있는 가능성이 있음을 보여준다. 예컨대, 괴델의 정리의 특수한 형태인 중지문제가 존재한다는 사실은, 인간의 의식적 행동이 컴퓨터상에서 모의할 수조차 없음을 증명하는 하나의 증거이다. 펜로즈에 따르면, 결코 컴퓨터상에서 모의되지 않는 인간의 의식적 사유의 영역이 있다. 그런 영역은 수학에 국한되지 않고, 음악, 미술을 비롯하여 다양한 인간의 의식적 활동들을 포괄한다. 다시 말해, 인간의 거의 모든 의식적 활동들에서 컴퓨터로 모의할 수 없는 영역이 존재한다.

깨달음과 계몽 사이

영화 〈인류멸망보고서〉의 두 번째 에피소드에 등장하는 로봇 RU-4는 단순히 지능을 가지고 있는 데 그치지 않고, 깨달음의 단계에 도달한 것으로 묘사된다. 이 로봇은 사찰의 가이드 로봇으로 도입되었지만 어찌된 영문인지 각성한 듯한 행동과 말을 보여주고, 사찰의 스님들은 로봇에게 법명까지 붙여준다. RU-4, 곧 인명 스님은 자신을 고장난 로봇으로 판단하고 해체하려는 제작사에 맞서 법을 설파한다. 영화의 마지막 장면은 다소 충격적이다. 인명 스님이라 불리는 RU-4가 부처님 불상 앞에 엎드려 "나는 어디서 나서 어디로 가는 겁니까?", "나는 무엇입니까?"라는 질문을 여러 차례 반복한다. 그러고 나서 좌선하는 자세로 스스로 모든 회로를 정지시키고 죽음을 맞이한다. 주위의 스님들은 "인명께서 열반에 드셨습니다."라고 외친다.

로봇이 법문을 외우고 그것으로 사람과 대화를 한다면, 사람들의 질문에 법문으로 적합한 답변을 하고 깨달음의 경지를 설명한다면, 우리는 그런 일을 어떻게 이해해야 할까? 두 가지 가능성이 바로 머리에 떠오른다. 하나는 거의 모든 법문을 저장한 강력한 데이터베이스와 법문들 사이 그리고 일반적인 질문들과 법문 사이의 상호 관계에 대한 규칙들의 집합을 활용하고 있다고 가정하는 것이다. 이것은 서얼의 중국어방 논변에 등장하는 컴퓨터와 유사한 기능을 RU-4가 가지고 있다고 상상하는 것이다. 또 하나는 창발적인 행동으로 설명하는 것이다. RU-4가 어떤 이유에서인지 모르지만 그의 데이터베이스에 담긴 정보들 사이의 분류와 정리, 조직화의 과정에서 마치 각성한 사람처럼 말하고 행동하는 능력이 생겨났다고 보는 것이다. 가능성이 매우 희박하지만, RU-4에게 마음이 창발적으로 생겼으며, 그 마음이 수행을 통해 깨달음의 경지에 도달했다고 해석할 수도 있다. 인간이 도저히 흉내낼 수 없는 정보처리 능력 때문에 RU-4의 깨달음을 상상할 수 없을 정도로 빨랐다는 가정도 덧붙여야 할 것이다. 하지만 이런 해석은 우연에 너무 많이 의존한다.

불교에서 말하는 깨달음은 지능, 즉 계산 능력이나 정보처리 능력과는 무관해 보인다. 여기서 불교의 깨달음과 서양의 계몽을 비교해 보는 것이 유익할 듯하다. 불교는 세간의 인간이 온갖 욕망과 번뇌에 시달리고 있다고 가정한다. 그리고 깨달음의 경지에서 인간은 평정심을 얻는다고 본다. 선조의 큰 스님인 육조혜능(638~713)은 대승의 견해를 묻는 설간의 질문에 "번뇌에 머물러도 어지럽지 않고 선정에 머물러도 고요하지 않으며, 끊기거나 항상 하지도 않고, 오지도 가지도 않으며, 나지도 않고 멸하지도 않는 것이오.[1] 성품과 형상이 여여하여 항상 머물러 옮겨 다니지 않는 것을 '도'라고 하는 것이오."라고 답하였다. 계몽주의의 완성자라고 불리는 독일의 철학자 임마누엘 칸트(Immanuel Kant, 1724~1804)는 대부분의 사람들이 자신의 지성을 스스로 사용하지 못하고 타인의 지성에 의존해 있는 상태, 즉 미성숙의 상태에 있다고 말한다.[2] 영국의 철학자 존 스튜어트 밀(John Stuart Mill, 1806~1873)은 이런 상태를 지적 노예 상태라고 불렀다.[3] 그리고 칸트는 계몽을 그러한 미성숙의 상태에서 벗어나 자신의 지

인간들이여, 무엇을 두려워하십니까?
멸망의 3가지 징후
인류멸망보고서
〈천상의 피조물〉 김지운 감독
류승범 김강우 송새벽 송영창 김규리 고준희
www.doomsdaybook.kr
"로봇이 법문을 외우고 그것으로 사람과 대화를 한다면, 사람들의 질문에 법문으로 적합한 답변을 하고 깨달음의 경지를 설명한다면, 우리는 그런 일을 어떻게 이해해야 할까?"

성을 자기 스스로 사용하는 단계로 이해했다.

깨달음은 점진적으로 다가오는 것이 아니라 한순간에 이루어지는 것으로 보인다. 깨달음에 도달한 선승들의 수많은 사례들이 이 점을 보여준다. 하지만 계몽은 한순간에 이루어지지 않는다. 수많은 시행착오의 과정을 겪어야 하고, 그 과정에서 조금씩 깨우치게 된다. 다시 말해서, 자신의 지성을 자기 스스로 사용하는 습성이 생기게 된다. 이렇게 되는 것은 태어나서 어른이 되기까지의 교육과정에서 우리는 각자의 지성을 스스로 사용하기보다는 타인의 지성에 의존하도록 훈련되기 때문이고, 대부분의 사회가 계몽을 방해하는 요소들을 포함하고 있기 때문이다.

깨달음의 경지는 온갖 경계와 분별을 극복한 단계이다. 중국의 황벽희운(?~850) 선사의 말은 이 점을 잘 보여준다. "범부는 경계를 취하고 도인은 마음을 취하나 마음과 경계를 모두 잊는 것이 바로 참다운 법이다. 그런데 경계를 잊기는 쉬우나, 마음을 잊기는 매우 어렵다. 사람이 마음을 잊지 못하고서 텅 비어 잡을 것이 없는 곳에 떨어질까 두려워한다. 공은 본래 공이 아니고 오직 하나의 참다운 법계임을 전혀 알지 못하는구나."[4] 불교에서 말하는 깨달음은 경계와 분별을 넘어서고 마음을 비우는 것이다. 깨달음은 무심의 경지에 이르는 것이다. 하지만 계몽은 오히려 마음을 채우는 것에 가깝다. 자신의 지성을 예리하게 갈고 닦아서 모든 것을 멋지게 분별할

중지문제(halting problem)

중지문제란, 계산이 중지될 것인지 여부를 결정할 수학적 절차들의 집합을 얻는 가능성에 관한 순전히 추상적인 수학적 문제이다. 예를 들어, 만일 우리가 1, 2, 3, …… 의 순서로 시작해서 8보다 큰 수를 찾도록 컴퓨터를 프로그램 한다면, 컴퓨터는 9에서 계산을 멈출 것이다. 그러나 만일 두 짝수의 합이 홀수를 찾도록 컴퓨터에게 요구한다면 계산을 결코 멈추지 않고 계속될 것이다. 그런 수는 없기 때문이다. 이 증명은, 중지하지 않는 계산적 절차가 있고, 그것이 중지하지 않는다는 것을 컴퓨터에 의해서 보여줄 수 없지만 우리는 알 수 있다는 것을 입증하는 사례이다.

괴델의 불완전성 정리

괴델은 1931년에 우리가 알고 있는 수리 체계를 비롯하여 모든 형식적인 공리 체계에 내재적인 한계가 있다고 주장하고 그것을 증명하는 두 개의 공리를 발표하였다. 괴델 이전에 논리학자들은 수학이나 논리학에서 모든 참인 명제는 증명될 수 있다고 믿었다. 하지만 괴델은 형식적인 공리 체계 내에서도 참이지만 증명할 수 없는 명제가 있다는 것을 보여주었다. 말하자면, 우리는 완벽한 형식적 체계를 구성할 수 없다는 것이다. 제1 불완전성 정리는 효과적 절차에 따라 공리들이 모두 열거될 수 있는 무모순적인 형식적 공리 체계가 자연수의 산술에 대한 모든 참인 명제를 증명할 수 없다는 것이다. 제2 불완전성 정리는 제1 정리의 확장으로 그런 공리 체계는 그 자신의 무모순성을 증명할 수 없다는 것이다.

수 있는 단계가 계몽에 가깝다. 우리는 각자 자신의 지성과 이성을 비판적으로 사용한다면 무엇이 옳고 그른지를 제대로 알아낼 수 있을 것이다. 계몽의 관점에서는, 자신의 지성을 방치한 채 남의 지성에 의존하는 것이 오히려 마음을 비우는 것에 가깝게 보이며, 자신의 지성 능력을 한껏 발휘하는 것은 마음을 채우는 것, 마음의 내실을 기하는 것으로 보인다.

몇 가지 살펴보지는 않았지만, 이런 점에서 보면 깨달음과 계몽은 매우 달라 보인다. 하지만 공통점도 있다. 깨달음의 경지와 계몽된 상태에 이르렀을 때 얻는 것은 모두 자유라고 할 수 있다. 깨달음의 경지에서 인간은 속세의 모든 욕망과 번뇌로부터 자유로워진다. 계몽된 사람도 자유롭다. 누구의 지도나 안내 없이 스스로 판단하고 자신의 행동을 스스로 결정하기 때문이다. 물론 이 두 자유의 개념 사이의 차이에 대해서는 생각해 볼 여지가 있다. 또 한 가지. 불교나 계몽주의 모두 인간의 불완전성을 가정한다. 그런데 불교는 인간이 완전해질 수 있는 가능성을 한 쪽에 열어 놓고 있는 것 같다. 바로 모든 중생의 마음속에 내재하는 불성이다. 이 불성을 각성시키면 누구나 부처가 될 수 있는데, 부처는 일종의 완성된 존재라고 볼 수 있다. 이에 반해, 계몽주의는 끝까지 인간을 불완전한 존재로 보고, 원칙적인 불완전성을 극복될 수 없는 것으로 본다. 오히려 그런 불완전성을 인정하는 것이 계몽에 있어서 중요하다. 그래야 우리가 독단에 빠지지 않을 것이기 때문이다. 이렇게 보면, 계몽을 통해서는 부처가 될 수 없을 것 같다.

인공지능을 왜 연구하는가?

인공지능을 연구하는 이유가 무엇일까? 이 물음은 사실에 대한 것과 가치에 대한 것으로 구분할 수 있을 것이다. 실제로 연구자들이 인공지능을 연구하는 이유는 상황에 따라 약간의 차이는 있겠지만 어렵지 않게 짐작할 수 있다. 문제는 가치론적인 물음이다. 우리가 굳이 인공지능을 만들 이유가 있는가? 그래도 되는가? 된다면 어떤 목적을 위할 때 된다고 할 수 있는가?

불교적 관점에서 보더라도 인공지능은 목적이 아니라 수단인 듯하다. 문제는 무엇을 위한 수단인가 하는 것이다. 불교에서는 인간 생명과 우주를 영속적이지 않으며 실체를 갖는 것도 아닌 것으로 본다. 이 세상의 모든 것에는 본질이라고 할 것이 없으며, 모두 일시적인 현상에 불과하다. 인간도 예외가 아니어서, 불교 경전들에서는 종종 인간 생명을 이슬방울에 비유한다. 인간 생명 역시 밤 동안 만들어지고 해가 지면 공으로 사라지는 이슬과 비슷하다는 것이다. 그럼에도 불구하고 불교는 인간 생명의 가치를 인정하는데, 바로 지혜를 가질 수 있는 마음을 우리가 가지고 있기 때문이다.

불교는 서양철학과 달리 '왜 인간이 창조되었는가?', '어떻게 창조되었는가?' 등의 형이상학적 물음에 관심이 없고, 우리가 어떻게 해야 하는지, 라는 실천적인 물음에 관심을 둔다. 이런 관점에서 우리가 가장 우선시해야 할 것은 태어나면서부터 자연적으로 주어진 고통들을 제거하는 것이다. 왜냐하면 이런 고통이 모든 문제의 원천이 되기 때문이다. 고대 희랍의 철학자 소크라테스는 "검토되지 않은 삶은 살 가치가 없다"고 했다. 불교 역시 이와 다르지 않게 생각한다. 우리 자신과 우리 삶에 대해 반성하지 않는다면 우리는 본능적 욕구와 그에 따르는 고통, 번뇌에 대해 이해할 수 없을 것이고, 따라서 지혜를 얻을 수 없을 것이기 때문이다. 불교적 관점에서 볼 때, 인공지능이 수단으로 가장 잘 쓰일 수 있는 길은 바로 인간의 모든 문제의 원천이 되는 고통을 극복하는데 도움이 되게 하는 것이다.

그런데 실제로 인공지능 연구가 이런 목적을 갖는지는 의문이다. 반대로 인공지능 연구를 통해 인간의 본능과 욕구에 봉사하는 방향으로 사용되지 않는가 하는 의구심이 든다. 인공지능이 인간의 탐욕을 충족시키는 수단으로 사용된다면, 인공지능의 발달은 우리를 더욱 불행하게 할 것이다. 최근 큰 우려를 불러오고 있는 것이 군사용 로봇이다. 이것은 적군의 생명을 빼앗고 타인을 지배하고 종속시키기 위한 수단으로서, 힘을 얻는 수단으로서 인공지능을 사용하는 것이다. 군사용 로봇의 등장으로 인해 불러올 인간 가치의 하락과 참혹한 전장의 양상은 인공지능 연구가 우리를 불행하게 만들 수 있음을 예상케 한다. 따라서 불교적 입장에서도 인공지능 연구에 관심을 갖고, 연구가 올바른 방향으로 진행되고, 바른 목적을 설정할 수 있도록 감시하고 경고하는 일이 필요하지 않을까 생각한다.

3장 초지능과 불교적 지혜

영화 〈트랜센던스(Trancedence)〉(2014)에는 놀라운 지능이 등장한다. 과학자인 주인공 윌의 두뇌를 스캔해 양자컴퓨터에 업로딩 한다는 공상적 설정이지만, 양자컴퓨터의 코어에 이식된 윌의 두뇌는 발전을 거듭해 마침내 모든 인간의 능력을 초월해 거의 신적인 능력을 지니게 된다. 미국의 SF 드라마 〈스타 트렉: 더 넥스트 제너레이션〉(1987~1994)에는 데이터라는 안드로이드 장교가 등장한다.

행성연방함대의 장교들 가운데 로봇은 데이터가 유일하다. 데이터는 인공지능인 덕분에 급박한 상황에서도 감정적 동요 없이 신속하게 판단하는 능력을 뽐낸다. 컴퓨터의 놀라운 계산 능력과 저장 능력을 떠올리면 이해할 수 있는 대목이다. 끊임없이 벌어지는 사건과 빈번하게 마주하게 되는 새로운 상황에서 데이터는 연방우주함대에서 중요한 역할을 담당하고 있는 인물이다. 물론 드라마의 설정에서 데이터는 완벽한 인공지능이 아니다. 놀라운 계산 능력과 기억력, 판단 능력에 비해 아직 어딘가 인간에 미치지 못하는 점들이 보인다. 데이터는 학습을 통해 인간의 행동을 이해하고 점점 인간에 가까워져 가고 있지만 이 과정이 완료될지는 미지수이다.

초지능이란 무엇인가?

최근 인공지능에 대한 논의가 여기저기에서 이루어지면서 인간의 능력을 뛰어넘는 인공지능에 대한 관심과 우려가 함께 생겨나고 있다. 현재 인공지능은 어떤 능력에서는 인간을 능가하고 있다. 가장 잘 알려진 것이 계산 능력과 기억 능력이다. 얼마 전에 인간과 세기의 바둑대결을 펼친 알파고를 언급하지 않더라도 우리는 이미 오래 전에 전자계산기를 통해 컴퓨터의 계산 능력이 인간을 능가할 가능

"영화 〈트랜센던스〉에는 놀라운 지능이 등장한다. 양자컴퓨터의 코어에 이식된 주인공 윌의 두뇌는 발전을 거듭해 마침내 모든 인간의 능력을 초월해 거의 신적인 능력을 지니게 된다."

성을 알아차렸다. 컴퓨터는 성능이 향상되면서 아주 복잡한 계산도 척척 해낸다. 그 덕분에 인간이 하는 놀이 가운데 가장 복잡한 계산일 것이라고 여겼던 바둑에서 인공지능이 인간을 압도하였다. 기억능력도 컴퓨터가 인간을 압도하는 경우이다. 인간과의 퀴즈 대결에서 승리한 IBM의 슈퍼컴퓨터 왓슨(Watson)은 인터넷 백과사전인 위키피디아 전 페이지, 각종 사전과 백과사전 등을 포함해 총 2억 쪽에 달하는 텍스트를 저장하고 있었는데, 디스크의 저장 용량이 4테라바이트였다. 1테라바이트는 1024기가바이트이고, 1기가바이트는 1024메가바이트이다.

이렇게 부분적으로, 특정한 능력에서 인간을 능가하는 인공지능들을 생각할 수 있다. 1970년대에 미국 스탠퍼드대학에서 개발된 마이신(MYCIN)이 이미 인간 전문의에 못지않은 진단 능력을 보였는데, IBM 왓슨은 의료 현장에서 전문의를 위협할 정도의 진단 능력을 보여주고 있다. 또한 최근 왓슨을 특정 쟁점에 대해 토론의 논거를 발견하도록 프로그램 한 결과, 찬성과 반대의 가장 유력한 논거들을 찾아냈다는 보고도 있다. 왓슨은 IBM이 개발한 전문가 시스템으로 2011년에 미국 TV 방송의 퀴즈 프로그램인 〈지오파디(Jeopardy)〉에서 인간 챔피언들을 물리치고 우승을 차지하는 놀라운 일을 해냈다. 왓슨은 퀴즈를 푼다는 제한적 조건에서이긴 하지만 자연언어 인식 영역에서 획기적인 성과를 보여주었다. 이제 인공지능은 인간의 전문 분야에서 능력을 입증하고 있다. 예를 들면, 주식 시장 분석, 신문 기사 작성 등 고도의 지적 능력이 요구된다고 우리가 그동안 생각해왔던 분야들에서 인공지능이 성과를 내고 있다.

인공지능은 부분적으로 인간의 특정한 능력을 능가하는 성능을 보여주고 있지만 아직 인간의 능력을 전반적으로 흉내 내지는 못한다. 하지만 지금까지의 성과에 힘입어 인간의 능력에 육박하는, 아니 능가하기까지 하는 인공지능의 출현을 기대하는 사람들이 있다. 인간의 지능은 단순히 계산 능력과 기억 능력, 판단 능력 이외에도 창의력, 상식추론 능력, 사회적 직관 능력, 공감 능력, 정서 능력 등 그 폭이 넓고 깊은데, 영국의 미래학자이자 철학자인 닉 보스트롬은 머지않은 미래에 인간의 지능을 전반적으로 흉내 낼 수 있는 인공 일반지능(Artificial General Intelligence)이 등장할 것이라고 예견한다.

인공 일반지능의 등장은 초지능(superintelligence)의 등장에 대한 예고가 될 것이다. 초지능은 "과학적 창의성, 일반적 지혜, 사회적 기능 등 실제적인 모든 영역에서 최고의 인간 두뇌를 크게 능가하는 지능을 말한다."[5] 영화 〈바이센테니얼 맨〉에 등장하는 안드로이드 로봇 앤드류 정도면 인공 일반지능에 가까울까? 앤드류는 창의성을 지니고 있고 감성도 지니고 있다. 하지만 〈스타 트렉〉의 데이터와 같은 정보처리 능력을 갖추고 있지는 않다. 영화 〈채피〉의 주인공 휴머노이드 로봇 채피는 인간의 감정을 흉내 내고 고민하는 행동도 하지만 창의성이나 과학적 탐구 능력, 고도의 정보처리 능력 등을 보여주지는 못한다. 데이터나 채피는 인간이라고 하기에는 어딘가 너무 이상하다. 그러니 인공 일반지능의 출현이 아직도 얼마나 먼 길인지는 짐작할 수 있을 것이다.

초지능이 정말 가능할까?

닉 보스트롬은 초지능을 다음과 같이 설명한다. "초지능이 풀 수 없거나, 최소한 인간이 푸는 것을 도울 수 없는 문제란 없다. 질병, 가난, 환경 파괴, 모든 종류의 불필요한 고통 등 …….."[6] 초지능은 나노기술과 밀접하게 연관되어 있다. 특이점을 주장한 레이 커즈와일 역시 보스트롬과 마찬가지로 나노기술이 초지능의 출현에 밀접하게 연관되어 있음을 주장하였다. 나노기술과 결합한 초지능은 무엇이든 할 수 있다. 초지능은 우리에게 "무한한 수명을 줄 수 있다. 나노의학을 통해 노화 현상을 멈추거나 역전시키고, 우리 몸을 업로드하게 해줄 수도 있다."[7]

초지능이 가능할까? 커즈와일은 초지능의 출현을 인간 수준의 인공지능만 등장한다면 얼마든지 가능한 일이라고 본다. 인간 수준의 인공지능으로부터 초지능으로의 진화는 어렵지 않다는 것이다. 인

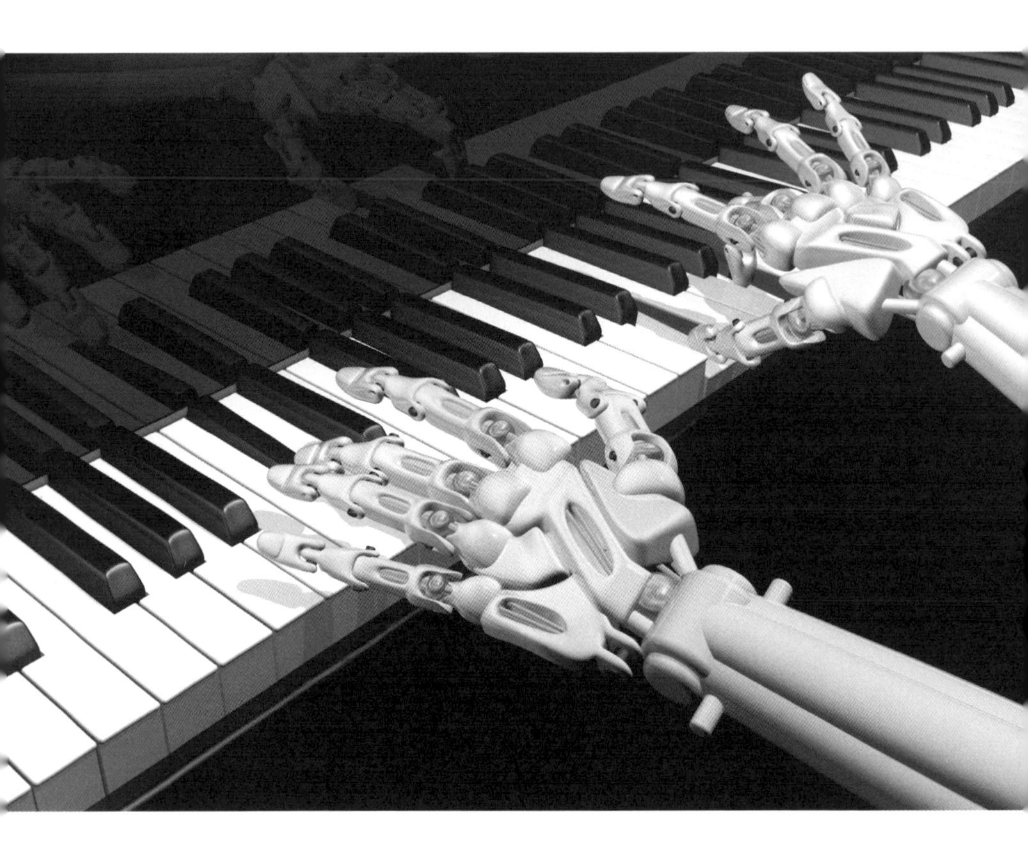

"또 하나 중요한 점은, 인공지능은 언제나 최고의 기술을 최고의 수준으로 수행할 수 있다는 것이다. 인간은 사람마다 가진 기술이 다르지만, 인공지능은 각자의 사람이 가진 최고의 기술을 모두 가질 수 있다. 따라서 인공지능이 작곡을 한다면 최고의 작곡가처럼 작곡할 것이고, 어떤 제품을 만든다면 그 분야 최고의 장인처럼 만들 것이다."

간과 다른 인공지능의 특성들 때문이다. 인공지능은 쉽게 지식을 공유한다. 인간은 지식이나 기술을 타인과 쉽게 공유하기 어렵다. 고된 노력을 요하는 학습과 훈련의 시간이 상당히 필요하다. 하지만 기계는 쉽게 지식이나 기능을 이전하고 공유할 수 있다. 그리고 기계는 인간과 달리 쉽게 자원을 공유한다. 사람이 여럿 모이면 한 사람보다 더 나은 능력을 발휘할 수는 있지만 여러 사람의 두뇌 능력이 더해져서 사람의 수만큼 능력이 커지는 것은 아니다. 하지만 기계들은 여러 대가 모이면 그 능력이 더해진다. 전 세계 수천만 대의 PC를 하나로 묶으면 엄청난 성능의 슈퍼컴퓨터처럼 활용될 수 있다.

인공지능은 기억 면에서 인간을 월등히 능가한다. 기억의 용량이나 정확도, 그리고 기억을 활용하는 능력은 이미 입증되었으며, 더욱 발전하고 있다. 인공지능의 정보처리 능력은 하드웨어 측면과 소프트웨어 측면 모두에서 날로 발전하고 있다. 또 하나 중요한 점은, 인공지능은 언제나 최고의 기술을 최고의 수준으로 수행할 수 있다는 것이다. 인간은 사람마다 가진 기술이 다르지만, 인공지능은 각자의 사람이 가진 최고의 기술을 모두 가질 수 있다. 따라서 인공지능이 작곡을 한다면 최고의 작곡가처럼 작곡할 것이고, 어떤 제품을 만든다면 그 분야 최고의 장인처럼 만들 것이다. 인공지능은 생물학적 지능과 다른 방식으로 학습하고 발전하기 때문에, 인공 일반지능이 등장한 이후에는 인공지능이 인간의 생물학적 지능을 모든 분야에서 능가하는 것은 시간문제일 것이다.

지능 폭발과 초지능의 출현

인간 수준의 인공지능에서 초지능으로의 진화는 현재 상태에서 인간 수준의 인공지능으로의 진화에 비해 훨씬 빠른 속도로 진행될 것이다. 인간 수준의 인공지능으로의 출현으로 가는 길에서 중요한 것 가운데 하나가 하드웨어의 발전이다. 현재까지 하드웨어는 마이크로칩이 개발된 이후 무어의 법칙에 따라 놀라운 속도로 발전했지만, 인간의 수준에 근접하는 인공지능의 등장을 위해서는 지금의 하드웨어 성능과는 비교조차 할 수 없이 높은 수준의 하드웨어 성능이 요구된다. 이를 가능하게 하는 것이 나노기술일 것이다. 이른바 강한 인공지능을 구현할 수 있는 하드웨어는 나노기술을 통해 만들어질 것이다. 컴퓨터 칩을 예로 들면, 나노칩은 현재의 마이크로칩에 비교하면 동일한 단일 평면에서 100만 배의 집적도를 달성할 수 있다. 단순하게 말하면, 나노칩을 장착한 컴퓨터는 마이크로칩을 장착한 컴퓨터보다 100만 배 이상의 성능을 보여줄 것이다. 소프트웨어 측면에서도 마찬가지이다. 커즈와일은 "나노봇들이 뇌 기능을 고해상도로 스캔하여 완벽하게 역분석을 마쳤을 때, 강한 인공지능에 걸맞은 소프트웨어가 탄생할 것"[8]이라고 말한다.

이 문제와 관련하여 커즈와일은 두 가지 시나리오를 언급한다. 나노기술의 성공으로 나노컴퓨터가 등장하고 그것을 토대로 강한 인공지능이 등장하는 시나리오가 그 하나이다. 또 하나의 시나리오는 강한 인공지능이 성공을 거두고, 그리하여 여러 가지 난점들을 극복하고 나노기술이 전면적으로 발전한다는 것이다. 커즈와일은 이 두 가지 시나리오 가운데 분자 나노기술이 먼저 성공을 거두어 강한 인공지능을 가능케 할 것으로 보고 있다.

강한 인공지능이 단 하나라도 등장하면, 그것은 곧 수많은 강한 인공지능을 낳을 것이다. 강한 인공지능은 스스로의 설계를 터득하고 스스로 개량함으로써 원래의 자신보다 더 나은 인공지능으로 진화할 것이기 때문이다. 이와 같은 진화의 주기는 무한히 반복될 것이며, 한 주기를 거듭할 때마다 이전보다 더 나은 인공지능이 탄생할 것이다. 그리고 그 한 주기에 소요되는 시간도 더 짧아질 것이다. 강한 인공지능의 등장은 이런 식으로 하여 지능 폭발(intelligence explosion)을 가져올 것이다. 그리고 지능 폭발을 통해 마침내 초지능이 탄생할 것이다. 학습력, 이해력, 판단력, 창의성, 사회적 지능, 일반 지혜, 정서 등 모든 면에서 인간을 월등하게 능가하는 인공지능이 출현할 것이다. 그리고 초지능은 더 나은 초지능으로 거듭 진화할 것이다.

"초지능의 등장은 이 세상을 상상할 수 없을 만큼 바꿔 놓을지 모른다. 초지능의 출현으로 완전한 기술 유토피아가 도래할 수도 있다. 반대로 인류에게 전례 없는 위기가 닥칠 수도 있다."

초지능은 희망일까 절망일까?

초지능의 등장은 이 세상을 상상할 수 없을 만큼 바꿔 놓을지 모른다. 초지능의 출현으로 완전한 기술 유토피아가 도래할 수도 있다. 초지능이 갖는 위력 때문이다. 반대로 초지능의 출현으로 인류에게 전례 없는 위기가 닥칠 수도 있다. 초지능이 등장하면, 이론적으로 가능하다고 생각했던 모든 기술들이 빠른 시간 안에 현실화될 것이다. 예컨대, 분자 제조, 나노의학 기술, 인간능력 향상 기술들, 실제 같은 가상현실, 우주 식민지 건설용 자기복제 로봇 등 정상 나노기술에 속하는 모든 기술들이 실현될 것이다. 그뿐이 아니다. 계획을 세우고 전략을 수립하는 작업과 철학적 문제를 해결하는 작업 등 아주 어렵고 복잡한 문제에서도 놀라운 능력을 보여줄 것이다.

긍정적으로 작동된다면, "초지능은 우리가 지적·감정적 능력을 좀 더 넓게 펼칠 기회를 만들어줄 것이다. 굉장히 멋진 경험으로 가득한 세상을 만들도록 도와줄 것이며, 그 속에서 우리는 즐거운 게임을 즐기고, 남들과 교류하고, 경험을 쌓고, 자아를 성장시키고, 꿈에 가깝게 살아갈 것이다."[9] 닉 보스트롬의 이 말처럼만 된다면, 초지능은 인류에게 유토피아로 가는 길을 열어줄 것이다.

그러나 이런 기대는 지나치게 낙관적이다. 거꾸로 초지능이 악한 태도를 지녔을 수도 있지 않을까? 그렇게 된다면, 초지능은 인류에게 더 없는 재앙이 될 것이다. 그래서 보스트롬은 인공 일반지능을 설계할 때, 우리가 만들어 넣는 초기 조건의 중요성을 언급한다. 인공지능을 어떻게 인간 친화적인 것으로 만들 것인가 하는 것이 중요한 과제라고 말한다. 이 문제는 자율형 인공지능의 실현이 구체화되면서 기계윤리(machine ethics)라는 새로운 학문 분야를 통해서도 연구되고 있다.

기계윤리는 인공지능이 윤리적 행동을 하도록 만드는 과제가 인공지능 연구에 포함된 것이다. 현재 인공지능을 구현하는 방식은 다양하지만, 어떤 방식이든 프로그램 안에, 마치 우리로 하여금 도덕적인 행동을 인식하고 도덕적으로 행동하게 만드는 도덕법칙 혹은 도덕규범 같은 그런 프로그램을 심어 놓을 필요가 있다. 자율적으로 상황을 판단하고 행동을 결정하는 인공지능에게는 이것이 반드시 필요하기 때문이다. 따라서 인공지능 혹은 로봇의 행동을 규제하는 윤리적 행동 규칙을 어떤 방식으로, 어떤 원리에 따라 구현할 것인지를 연구하는 분야로 기계윤리가 등장했다.

초지능과 깨달음

윤리적 규범 혹은 덕은 자율형 로봇에게도 필요하지만 초지능에

전문가 시스템과 신경망 컴퓨터

인공지능은 크게 계산주의 모델과 연결주의 모델이 있다. 계산주의 모델은 인간의 사고 과정이 컴퓨터의 정보처리 과정과 유사하다는 가정에서 출발한다. 그래서 컴퓨터로 인간의 정보처리 능력을 흉내낸다. 전문가 시스템이 계산주의 모델의 인공지능이다. 인간과의 체스 대결에서 승리한 IBM의 딥블루(Deep Blue), 퀴즈대회 우승자 IBM 왓슨은 모두 전문가 시스템이다.

전문가 시스템은 말 그대로 전문 영역에서 인간의 능력을 압도한다. 강력한 데이터베이스와 계산 엔진을 바탕으로 전문 영역에서 인간의 의사결정을 보조하기 위해 만들어졌지만, 지금은 인간보다 나은 능력을 보여주기도 한다. 전문가 시스템은 설정된 영역 밖에서는 아무런 지능도 보이지 못하는 단점이 있다. 프로그램 된 영역 안에서 놀라운 성능을 보일 뿐이다.

계산주의 모델의 한계를 지적하고 인간 뇌에서 이루어지는 뉴런들의 상호작용을 본 뜬 것이 연결주의 모델이다. 우리 뇌의 뉴런들은 각기 수천 개의 연결망을 형성해 병렬로 정보를 처리한다. 이른바 신경망 컴퓨터라고 불리는 것이 연결주의 모델로 제작된 인공지능이다. 신경망 컴퓨터는 스스로 학습하는 능력이 있어서, 필요한 데이터를 애초에 모두 입력할 필요가 없다. 이세돌과의 바둑 대결에서 승리를 거두고, 그 이후에도 인간 최고수들을 모두 물리친 압도적인 바둑 실력을 보여준 알파고는 신경망 컴퓨터의 사례이다. 요즘 딥러닝(Deep Learning)이라고 불리는 인공지능은 최첨단의 신경망 컴퓨팅 기술이다.

게 더더욱 필요할 듯하다. 윤리적인 품성을 지닌 초지능, 혹은 보살의 마음을 지닌 초지능은 인류에게 진정 구세주와 같은 존재가 될지 모른다. 모든 인간 능력을 초월하는 능력을 지닌 초지능이 중생을 위하는 마음을 갖는다면 더 없이 훌륭하지 않을까? 그런데 초지능이 보살의 마음을 지니게 할 수 있을까?

영화 〈인류멸망보고서〉의 두 번째 에피소드에 등장하는 사찰 가이드 로봇 RU-4는 어찌된 연유인지 모르지만 깨달은 듯한 말과 행동을 보였고, 그래서 스님들은 RU-4에게 인명이라는 법명까지 붙여주었다. 인명은 법문을 외우고 그것으로 다른 수도자들과 대화를 나누었다. 수도자들의 질문에 법문으로 적합한 답변을 하였으며, 마치 깨달음의 경지에 오른 고승 같았다. 그리고 마지막으로 자신을 고장난 로봇으로 진단하고 해체 절차를 밟으려는 제작업체 사람들과 그들을 막고 나선 스님들의 실랑이를 보며, 마지막 행동을 감행한다. 인명은 부처님 불상 앞에 엎드려 "나는 어디서 나서 어디로 가는 겁니까?", "나는 무엇입니까?"라는 질문을 여러 차례 반복하고 나서 좌선하는 자세로 스스로 모든 회로를 정지시키고 죽음을 맞이한다. 마치 수십 년을 수행한 고승처럼 말이다.

마지막 장면은 영화적 설정이라고 치고, 설법을 하고 다른 수도자들과 법문으로 대화를 주고 받는 인명에 대해 앞 장에서 두 가지 가능성을 제시한 바 있다. 하나는 거의 모든 법문을 저장한 강력한 데이터베이스와 법문 사이, 그리고 일반적인 질문과 법문 사이의 상호 관계에 대한 규칙의 집합을 활용하고 있다고 가정하는 것이었으며, 또 하나는 창발 현상으로 설명하는 것이었다. 여기에 한 가지 가능성을 더해 본다. 영화 〈바이센테니얼 맨〉의 앤드류에게 일어난 일과 유사한 사건, 즉 로봇 신경회로에 이상이 발생하여 우연히 각성한 듯한 행동을 하게 되었는지도 모른다. 허구적인 요소가 너무 강해 앞에서는 이런 가능성을 언급하지 않았다.

이런 가정을 한번 해보자. RU-4가 초지능이었다면? 인간을 초월하는 지능을 가지고 있으며, 세상의 모든 지식과 세상 사람들의 수많은 경험에 대한 정보를 공유하고 있는 초지능이라면 혹시 깨달음의 경지에 이를 수 있지 않을까? 초지능이라는 것이 가정된 것이기는 하지만, 우리 인간은 아직 그런 경지에 들어본 적이 없고, 그 정도의 능력을 가져본 적도 없으니 상상밖에 할 수 없지만 말이다. 지난해 조계종 교육원장 현응 스님이 발표한 "깨달음과 역사, 그 이후"[10]라는 글과 그 글에 대한 설왕설래를 접하면서 이런 생각을 한번 해보았다. 만일 초지능이 막대한 정보량과 초인적인 정보처리 능력 덕분에 세상만사에 대해 통달하게 되고, 또한 선량한 마음을 지니고 있다면, 초지능이 중생에게 새로운 세계를 열어주지 않을까? 너무 낙관적인 기대일까?

4장 뇌 이식 수술과 자아 정체성

21세기를 지배할 기술들 가운데 빼놓을 수 없는 것이 신경과학이다. 흔히 NBIC로 통칭되는 신생 기술들 가운데 가장 덜 알려져 있는 것처럼 보이지만, 발전의 정도에 따라 우리의 삶에 미치는 영향력은 다른 어떤 기술들보다 클 것으로 예상되는 것이 신경과학이다. 신경과학은 우리의 뇌를 다루기 때문이고, 신경과학의 연구 성과가 우리 삶에 직접적으로 영향을 미칠 것이기 때문이다. 최근 뇌 영상

(brain imaging) 기술의 발전을 촉진시키는 계기가 되고 있다.

기능적 자기공명영상(fMRI)과 구조적 자기공명영상(sMRI) 등의 뇌 영상 기술이 등장하여 뇌를 좀더 정확하게 읽어낼 수 있게 되었고, 뇌에 대해 더 많은 것을 알 수 있게 되었다. 이와 더불어 신경약리학이 발전하여 약물을 이용한 인간 능력 향상(human enhancement) 논란이 일어날 만큼 신경 약물의 성능이 좋아졌다. 또한 컴퓨팅 기술의 발전에 따라 컴퓨터와 인간의 신경을 연결하는 뇌-컴퓨터 인터페이스(Brain-Computer Interface: BCI) 기술이 의료적 목적 등으로 주목받으며 발전하고 있다.

뇌 세포 이식수술은 이미 오래전부터 시도되고 있었다. 파킨슨병 치료를 위해 유산된 태아의 뇌세포를 배양해 이식하는 시술이 이미 오래전에 시도된 바 있으며, 뇌졸중으로 인한 마비 환자를 치료하기 위해 뇌세포 이식이 시도된 바도 있다. 이런 시도들은 해외에서뿐만 아니라 국내에서도 이루어졌다.

뇌이식이라는 무모한 시도

2013년에 미국 로체스터대학의 스티븐 골드만 박사는 사람의 뇌 세포를 쥐에게 이식한 결과, 쥐가 더 똑똑해졌다는 연구결과를 발표

"히가시노 게이코의 소설 『변신』은 세계 최초의 뇌이식 수술 후의 상황을 소재로 하고 있다. 이탈리아의 카나베로 박사와 중국의 샤오핑 렌 박사 등은 척수성 근위축증을 앓고 있는 러시아 컴퓨터 프로그래머 스피리도노프를 대상으로 머리이식 수술을 준비하고 있다고 한다."

했다. 신경조직은 신경세포와 신경교세포로 이루어져 있다. 골드만 박사는 정확히 말하면 신경교세포로 실험을 하였다. 골드만 박사는 유산된 인간 태아의 뇌에서 채취한 신경교세포를 갓 태어난 새끼 쥐의 뇌에 이식했다. 쥐가 다 자란 후에 측정한 결과 사람의 신경교세포를 이식받은 쥐가 정상인 쥐들보다 실험에서 더 빠른 반응 속도를 보였다고 한다. 또한 미로찾기 테스트에서도 2배 빨리 길을 찾아냈다고 한다. 신경교세포는 혈관과 신경세포 사이에 위치하여 신경세포의 지지, 영양 공급, 노폐물 제거, 식세포 작용 등을 담당하는데, 확인 결과 이식된 태아의 신경교세포의 일부가 쥐의 신경회로 속에 통합된 것으로 밝혀졌다. 또한 해마의 신경세포들을 연결하는 시냅스가 다른 쥐들에 비해 튼튼했다. 해마는 뇌에서 기억과 학습을 담당하는 중추이다. 뇌세포 이식술은 성공적일 경우에 파킨슨병이나 치매 환자, 혹은 뇌질환으로 인한 마비환자를 치료하는 데 성과를 보일 것으로 기대된다.

그런데 최근에 뇌 전체를 이식하는 수술이 논란이 되고 있다. 2015년에 머리이식 수술을 준비하고 있다는 발표를 해서 사람들을 경악하게 만든 연구진이 2016년에 또다시 머리이식 수술에서 경추신경 연결 및 회복 방법과 가능성에 관한 신경해부학적 분석을 담은 논문을 발표했다. 이탈리아의 세르지오 카나베로(Sergio Canavero) 박사, 중국의 샤오핑 렌(Xiaoping Ren) 박사, 한국의 김시윤 연구교수 등이 공동저자이다. 이 논문에서는 지난 2005년 교통사고로 척추가 손상된 미국인 여성과 2014년 사고로 척추 손상을 당한 일본인 남성의 사례를 담고 있다. 그리고 이들은 2017년에 머리이식 수술을 감행할 준비를 하고 있다. 대상은 척수성 근위축증을 앓고 있는 러시아 컴퓨터 프로그래머 발레리 스피리도노프이다. 계획대로라면 2017년에 중국 하얼빈의대 부속병원에서 수술이 진행될 것이며, 신경외과 전문의는 물론 혈관 전문의, 정형외과 전문의 등 150명 규모의 의료진이 투입되어 약 40시간의 수술이 이루어질 것이다. 수술 준비의 하나는 몸체를 기증할 뇌사 상태의 환자를 찾는 것이다.

카나베로와 렌은 실험용 쥐를 상대로 1,000번 이상의 머리이식 수술을 실험했으며, 원숭이로도 실험을 한 것으로 알려졌다. 실험용 원숭이는 수술 후 20시간 뒤에 안락사시켰다고 하는데, 이번 실험은 신경 연결 없이 혈관 연결만 이루어졌으며, 머리 이식 이후에도 뇌에 혈액이 제대로 공급되는지를 확인하기 위한 것이었다고 한다.

영화 혹은 애니메이션?

영화나 애니메이션에서나 등장할 법한 이야기처럼 들리는 이 수술은 현재로서는 성공할 가능성이 희박해 보인다. 신경을 연결하는 일이 그렇게 쉬운 일이 아니며, 설령 어떤 식으로든 연결이 이루어진다고 하더라도 기능이 회복될 것을 기대하기 어렵기 때문이다. 하지만 기술의 발전이 지속적으로 이루어지면 언젠가는 이런 일이 일어나지 말라는 법은 없다. 적어도 기술적인 측면에서만 보면 말이다.

몸이 바뀌는, 정확히 말하면 영혼이 바뀌는 것을 소재로 한 영화는 많다. 우리나라 영화 〈체인지〉에서는 하굣길에 폭우 속에서 번개를 맞고 남녀학생의 영혼이 바뀌면서 일어나는 해프닝을 그렸다. 비슷한 설정은 인기 TV 드라마 〈시크릿 가든〉에서도 사용되었다. 할리우드 영화 〈18 어게인〉은 교통사고로 뒤에 18살 손자의 몸속에 81살 할아버지의 영혼이 들어갔다는 설정의 코미디이다. 일본 영화 〈비밀〉은 엄마와 딸의 영혼이 바뀐 것을 다룬 미스터리 러브스토리이다. 이런 영화들은 뇌이식이라는 과학기술을 다룬 것이 아니라 영혼의 전이를 다룬 것이므로 SF라기보다는 판타지 영화이다. 하지만 몸이 바뀐 뒤에 일어날 일들을 상상할 수 있어 흥미롭다.

일본 애니메이션 〈공각기동대〉에는 전뇌라는 인공적인 뇌가 등장하고, 전뇌와 생물학적 뇌의 혼합 형태의 뇌를 가진 사이보그가 등장한다. 이 애니메이션 속의 세상에서는 뇌를 인공적인 몸인 의체에 이식하는 일이 빈번하게 이루어진다. 〈공각기동대〉의 세상에서 몸은 더 이상 우리의 운명이 아니다. 캐서린 헤일즈가 말한 것처럼 포스트휴먼이 되면 우리는 육체의 구속으로부터 해방된다.[11] 뇌에 우리

"일본 애니메이션 〈공각기동대〉의 세상에서 몸은 더 이상 우리의 운명이 아니다. 캐서린 헤일즈가 말한 것처럼 포스트휴먼이 되면 우리는 육체의 구속으로부터 해방된다."

의 모든 것이 담겨 있기 때문에, 뇌이식을 통해 생물학적 몸을 버리고 인공적인 몸을 취할 수 있다. 더 나아가서 물리적인 뇌를 떠나, 다시 말해 모든 물리적인 것을 버리고 네트워크 속으로 들어갈 수도 있다. 뇌 속의 정보가 모든 것이며, 그것을 담고 있는 물리적인 뇌는 부차적인 것이기 때문이다.

일본의 베스트셀러 작가 히가시노 게이코의 소설 『변신』은 세계 최초의 뇌이식 수술 후의 상황을 소재로 하고 있다. 선량한 소시민 나루세 준이치는 어느 날 강도를 만나고 어린 소녀를 구하려다 머리에 총상을 입는다. 그로 인해 오른쪽 뇌를 절단하고 다른 사람의 뇌를 이식받는다. 그 후 그에게 많은 변화가 찾아온다. 화가가 꿈이었지만 그림을 그릴 수 없게 되고 오히려 피아노 소리에 예민한 반응을 보인다. 사랑하는 여인 메구미를 보아도 아무런 감정이 생기지 않는다. 겁 많고 얌전했던 준이치는 도전적이고 폭력적인 성향을 보이기 시작한다. 준이치에게 이런 일들이 일어나는 것은 좌뇌와 우뇌에 각기 다른 인격이 들어 있기 때문이다.

기술적 문제가 아니라 윤리적 문제

뇌이식의 가장 큰 문제는 기술적인 한계가 아니라 철학적이고 윤리적인 것이다. 존 트라볼타와 니콜라스 케이지 주연의 〈페이스 오프〉라는 영화가 있었다. 성형수술을 통해 얼굴을 알아볼 수 없을 만큼 바꾸었거나, 심지어 이 영화에서처럼 얼굴 가죽을 완전히 바꾸었다고 가정해 보자. 그러면 A는 누구인가? 얼굴의 주인이 A의 정체인가? 아니면 얼굴의 주인이 아니라 다른 무엇(영혼이든 자아든)의 주인이 A의 정체인가? 우리의 상식은 얼굴이 아니라 다른 무엇의 주인이 A의 정체이다. A가 B의 얼굴을 한다고 해서 A가 B가 되지 않는다고 우리는 생각한다. 그것은 A의 인격이 B의 얼굴로 인해 변하지 않기 때문이다.

위에 열거한 영화들에서처럼 몸이 바뀌었을 경우에, 다시 말해 영혼이 다른 몸에 들어갔을 경우는 어떨까? C의 영혼이 D의 몸에 들어갔다. 그러면 영혼이 바뀐 D는 C인가 D인가? 이 경우는 얼굴이 바뀐 것보다 답하기 어려워 보인다. 하지만 같은 것 아닐까? 얼굴만 바뀌었든, 몸통까지 바뀌었든 영혼이 인격을 결정짓는다면, D는 C의 인격을 지녔으니 D의 정체는 C일 것이다. 이것이 상식적인 생각이다.

그러면 뇌, 혹은 머리를 이식한 경우는 어떠한가? 카나베로 박사가 시도하고 있는 수술이 성공하여 E의 머리(뇌)가 F의 몸통에 이식되었다면, 그는 E인가 F인가? 머리를 몸통에 이식하였으니 머리의 주인이 정체성의 주인공이라고 할 수 있을 것이다. 카나베로가 계획하고 있는 수술도 머리의 주인이 온전한 몸을 갖게 하기 위한 것이니 말이다. 하지만 정반대의 경우도 생각할 수 있다. 몸통에 머리를 이식하였다고 볼 수도 있다는 말이다. 머리의 주인이 몸을 찾을 수도 있고, 몸의 주인이 머리를 필요로 할 수도 있다는 것이다. 그러므로 의도로부터는 그 정체성을 밝힐 수 없다.

머리에는 뇌가 있고, 우리 사고와 감정의 중추가 뇌이기 때문에, 또한 의식과 인격이 뇌에 근거하고 있다고 보이기 때문에 머리의 주인이 그 정체성의 주인공이라고 하는 것이 일반적일 것이다. 위에서 살펴본 예들도 모두 인격의 주체를 몸의 주인으로 보았다. 그런데 이런 주장과 관련해서 『변신』의 경우는 흥미 있는 문젯거리를 제공한다. 뇌의 절반만 이식한 경우에는 어떨까? 좌뇌와 우뇌 가운데 어느 한쪽에 인격이 있는 것이 아니라면 좌뇌의 인격과 우뇌의 인격이 다르지 않을까? 그러면 뇌의 반구를 이식받은 사람은 두 개의 인격이 지닌 것일까? 아니면 두 인격이 결합해서 새로운 인격이 형성된 것으로 여겨야 할까?

A의 머리와 B의 몸통으로 이루어진 사람은 A의 얼굴과 인격을 가졌으므로 A라고 보는 것이 정당할 것이라고 생각하기 쉽지만, 그렇게 쉽게 결론내리기 어려울 듯하다. 만약에 그 사람이 이식 수술 이후에 건강하게 생활할 수 있었고, 아이를 낳았다고 가정해 보자. 그 아이는 누구의 아이일까? 그 사람을 A라고 확인하였으니 A의 아기일까? 그런데 B의 몸이었으므로 아마도 아이는 A가 아니라 B와 유전적

인 친자 관계에 있을 것이다.

의료윤리적 관점에서 볼 때, 카나베로의 수술은 비윤리적이다. 미국 다트머스대학의 제임스 버넷 교수의 말처럼 머리를 이식하는 수술은 아직 기술적으로 시기상조이며, 결과적으로 무모한 도전이 될 것이기 때문이다. 환자의 목숨을 보장할 수 없는, 더 정확히 말하면 환자의 목숨을 대가로 지불하는 실험적인 수술이라는 말이다. 수술이 실패했을 때 머리를 원래의 몸에 되돌려 놓을 수 없을 것이기 때문이다.

불교의 무아설에서 답을 찾을 수 있을까?

뇌이식 혹은 머리이식은 해결하기 어려운 철학적·윤리적 문제들을 만들어낸다. 서양철학적인 자아 개념이나 윤리 사상에서는 이 문제에 대해 다양한 답변이 가능할 것이다. 하지만 그러한 답변들 사이의 충돌은 피할 길이 없다. 불교적 관점은 이 물음에 대해 조금 다른 방향에서 답변의 실마리를 제공할 것으로 짐작된다.

불교는 실체적인 자아가 있다는 것을 부정하는 무아설을 내세운다. 무아설은 연기설과 관련되어 있다. 불교적 사고에 의하면, 모든 것은 연기에 의해 생겨나고 소멸한다. 우리 눈앞에 펼쳐져 있는 '지

애니메이션 〈공각기동대〉

애니메이션 〈공각기동대(攻殼機動隊, Ghost in the Shell)〉는 시로 마사무네의 원작 만화를 토대로 하고 있다. 1995년 처음으로 오시이 마모루 감독이 애니메이션으로 탄생시켰다. 이 애니메이션은 2029년 기술의 진보로 인공지능이 고도로 발전하고 네트워크가 세상을 지배하는 시대를 배경으로 한다. 공각기동대는 작품 속에서 공안9과라고 불리는 특수부대이며, 대장인 쿠사나기 소령이 주인공이다. 오시이 마모루 감독은 이 작품에서 오락성보다는 철학적인 질문을 던지는 데 치중했다.

할리우드 영화 〈매트릭스〉에 상당한 영감을 준 것으로 알려진 〈공각기동대〉에는 오늘날 우리가 최첨단 기술이라는 하는 것들, 다시 말해 신생 기술들이 거의 다 등장한다. 또한 〈공각기동대〉는 신생 기술들이 인류 사회에 적용됨으로써 제기될 수 있는 다양한 철학적 질문들을 던진다.

〈공각기동대〉가 그리는 미래에는 인간과 기계, 인간지능과 인공지능의 경계가 모호하다. 인간의 뇌에 컴퓨터가 직접 연결되는 '전뇌화' 가 일상적이 되고, 뇌 안의 모든 정보를 컴퓨터로 다운받는, 이른바 '마인드 다운로딩' 과 그 반대 방향으로 작업이 이루어지는 '마인드 업로딩' 이 일반화된다. 심지어 극중에서 인형사라고 불린 정체불명의 해커는 실은 네트워크에 존재하는 프로그램인 '프로젝트 2501' 의 산물로서 말하자면 인공지능인데 쿠사나기 소령의 인간지능과 융합을 시도한다.

〈공각기동대〉는 몇 편의 극장판 애니메이션으로 제작되었으며, TV 시리즈, 그리고 최근에는 실사 영화로도 제작되었다.

금, 여기'의 현상들은 다양한 원인(인)과 조건(연)의 일시적인 결합의 결과이다. 인과 연은 서로 변하며, 따라서 현상도 변화를 계속한다. 그러므로 어떠한 것도 그대로 있는 것이 없으며 무상한 것이다.

이러한 생각은 사물뿐만 아니라 인간 존재의 경우에도 마찬가지로 적용된다. 우리가 자기라고 말하고 자아라고 생각하는 것은 하나의 현상에 불과하다. 불교는 자기의 탐구를 지식이나 윤리로서 추구하는 것을 거부한다. '나는 누구인가?'라는 물음에 대해 우리는 이름, 직업, 국적, 성격 등으로 대답할 것이다. 그런데 이런 것들은 진정한 자기라고 말할 수 없다. 얼마든지 변할 수 있는 것이기 때문이다.

우리가 자기라고 흔히 말하는 것은 머리로만 생각한 관념에 지나지 않는다. 우리 자신이 머리로 생각하고, 스스로 해석하여 의미를 부여하고 평가한 것이 내가 생각하는 나이다. 우리의 사고와 분별은 주객분리의 관점에서 성립하는 것인데, 이런 방식으로는 진정한 내가 이해될 수 없을 것이다. 사람마다 자기를 다르게 생각할 터이니 십인십색일 것이고, 상황과 조건에 따라 나에 대한 이해도 달라질 것이니 나의 자기도 일시적일 것이다.

불교적 관점에서 진정한 자아는 분별에 의한 이론이나 사상이 아니라 진실, 법에 따라 살아간다고 하는 행동 자체에 나타난다. 자아에 의해 만들어진 자기는 진정한 자기가 아니다. 진정한 깨달음을 위해서는 우리가 흔히 나라고 하는 자기에 의지하지 말아야 한다. 불도를 배운다는 의미에서 자기를 배운다는 것은 자기를 잊는 것이다. 자신과 타인의 구별도 없이 진실하게 몸도 마음도 맡겨 사물화하지 않는 것이다.

A의 몸과 B의 몸이 궁극적인 것이 아니듯이 A의 뇌나 의식도, B의 뇌나 의식도 궁극적인 것이 아니다. 분별하는 마음으로 보면 A와 B가 다른 것이겠지만, 궁극적인 관점에서 보면 A와 B는 모두 무한한 연기의 사건 속에서 잠시 생멸하는 결과일 뿐이 아닐까? 진정한 것은 진리이고 법이지, 나라는 의식이나 경험적인 나를 만들어주는 성향들의 집합이 아닐 것이다. 이런 맥락에서 보면, 두뇌이식의 경우에 법률적인 혹은 사회적인 문제로서 정체성의 문제는 생길지언정 진정한 철학적인 의미에서 정체성의 문제는 심각한 것이 아닐 수 있지 않을까?

5장 BCI 기술과 몸에 대한 불교적 이해

4년마다 한 번씩 열리는 세계인의 스포츠 축제인 올림픽이 2016년에 지구 반대편에서 열렸다. 올림픽이 열린 도시는 브라질의 리우데자네이루이다. 2016년 8월 6일 마라카낭 주경기장에서 펼쳐진 개막식 행사는 갖가지 볼거리를 선사했다. 이번 개막식 행사는 2008년 베이징올림픽이나 2012년 런던올림픽에 비해 훨씬 적은 예산으로 치러졌다고 하는데, 이제는 이런 행사의 필수요소처럼 생각된 특수

효과와 첨단 장비를 최소한으로 사용했기 때문이다. 하지만 리우올림픽의 개막식은 브라질의 자연과 역사를 표현하고, 브라질 출신의 세계적인 슈퍼모델 지젤 번천을 등장시켜 사람들의 시선을 끄는 등 어느 해 올림픽보다 인상적인 행사였다고 한다.

그로부터 2년 전에도 브라질에서는 세계적인 행사가 있었다. 바로 세계 최고의 축구 강국 가운데 하나인 브라질에서 세계적인 축구 축제 월드컵이 개최되었던 것이다. 브라질은 개막식 행사를 통해 세계인에게 인상적인 기억을 남겼다. 2014년 브라질 월드컵 개막식 행사는 기적을 연출했다. 하반신이 마비되어 휠체어 없이 움직일 수 없는 사람이 브라질 월드컵 개막식에서 시축을 했다. 브라질 출신으로 미국에서 활동하고 있는 세계적인 신경과학자 미구엘 니콜렐리스(Miguel Nicolelis)가 이런 기적을 연출했다. 니콜렐리스는 뇌-컴퓨터 인터페이스(Brain-Computer Interface: BCI) 분야의 세계적인 권위자이다. 니콜렐리스는 그동안 쥐와 원숭이를 대상으로 한 BCI 실험을 통해 학계의 인정을 받았다.

뇌-컴퓨터 인터페이스란 무엇인가?

시축에 나선 사람은 줄리아누 핀투라는 30세 남성이었다. 핀투는 교통사고로 하반신이 마비된 지 10년이 지났었다. 니콜렐리스는 핀투를 위해 옷을 입듯이 착용하는 외골격 로봇을 만들었고, 핀투는 그것을 착용하고 휠체어에서 일어나서 멋지게 시축을 했다. 핀투는 생각하는 것으로 자신이 착용한 외골격 로봇의 사지를 움직여 축구공을 찼다. 시축 후에 핀투는 사고 전에 축구를 했을 때처럼 공을 찼을 때 발에 느낌이 왔다고 말했다. 실제로 그의 다리에 감각이 돌아온 것은 아니었지만, 입고 있는 외골격 로봇의 다리를 통해 발에 느낌이 있는 것 같은 기분이 들었던 모양이다.

핀투는 월드컵 개막식에서 사람들에게 멋진 시축 장면을 보여주기 위해 55번이나 경기장에 나가 연습을 했다고 한다. 생각으로 기계를 움직이는 BCI 시스템을 제대로 작동시키기 위해서는 생각보다 많은 연습이 필요하다. 기계가 사람의 생각을 알아차릴 리가 없기 때문에 사람의 생각으로 기계를 제어하기 위해서는 특별한 방식이 필요하다. 사람의 생각과 기계의 작동을 컴퓨터를 통해 연결시키는 BCI 방식에 익숙해져야 한다.

우리가 생각을 할 때는 뇌파가 발생하는데, 뇌파 측정장치를 통해 뇌파를 포착할 수 있다. 뇌파 측정장치에 연결된 컴퓨터가 뇌파를 기록하고, 기계에 전달한다. 그러니까 컴퓨터가 매개가 되어 우리의 뇌파를 기계의 동작과 연결시킴으로써 우리의 생각만으로 기계를 작동하게 하는 것이다. 이 시스템을 이용하기 위해서는 일정한 뇌파를 안정적으로 자유롭게 발생시킬 수 있어야 한다. 그래서 BCI 시스템 이용자는 어떤 생각을 할 때 발생하는 뇌파가 일정하도록 만드는 연습을 해야 한다. 이런 연습에 많은 시간이 소요되지만 성공하고 나면, 생각을 통해 기계의 동작을 원하는 대로 제어할 수 있다. 핀투 역시 이런 방식으로 연습을 하여 멋지게 시축한 것이다.

현재까지 연구된 BCI를 이용하는 방식은 크게 세 가지이다. 하나는 뇌의 활동 상태에 따라 주파수가 변하는 뇌파를 이용하는 방식이다. 뇌파 측정장치로 뇌파를 모아서 컴퓨터로 보내고, 컴퓨터가 뇌파를 분석해 기계의 반응을 지시한다. 이 방식은 뇌에 물리적 손상을 입히지 않기 때문에 '비침습적'이라고 한다. 또 한 가지 방식은 뇌의 특정 부위에 미세전극을 심어 신경세포의 전기적 신호를 포착해 활용하는 것이다. 대뇌 피질 등에 미세전극이나 반도체 칩을 삽입하기 때문에 '침습적' 방식이라고 한다. 물론 이런 식으로 한다고 해서 뇌에 심각한 손상이 발생하지는 않는다. 세 번째 방식은 기능적 자기공명영상(fMRI) 장치를 이용하는 것이다. 가장 최근에 발견된 방법인데, 어떤 생각을 할 때 뇌 안에서 피가 몰리는 영역의 영상을 보여주는 fMRI 장치에 사람을 눕혀놓고 뇌의 영상을 촬영하여 이 데이터로 로봇을 제어하는 것이다.

"우리가 생각을 할 때는 뇌파가 발생하는데,
뇌파 측정 장치를 통해 뇌파를 포착할
수 있다. BCI 시스템은 컴퓨터를 매개로
하여 우리의 뇌파를 기계의 동작과
연결시킴으로써 우리의 생각만으로
기계를 작동시킨다."

BCI는 언제부터 시작되었는가?[12)]

뇌와 컴퓨터의 연결하는 장치는 미국의 신경과학자 필립 케네디가 처음 고안했다. 그는 1998년에 뇌졸중으로 쓰러져 목 아래 부분이 완전히 마비된 환자의 두개골에 구멍을 뚫고 BCI 장치를 이식하였다. 케네디의 장치는 하나의 전극만을 사용했기 때문에 처음에는 실패했다. 운동 제어와 관련된 수백만 개의 신경세포 전기신호를 한 개의 전극으로 포착한다는 발상에는 무리가 있었다. 하지만 케네디와 환자의 끈질긴 노력은 결실을 맺어 마침내 생각만으로 컴퓨터 화면의 커서를 움직이는 데 성공했다.

이듬해에는 독일에서도 BCI 실험이 성공했다. 닐스 비르바우머 박사가 두피에 설치해 뇌파를 읽어내는 장치를 활용하여 생각만으로 컴퓨터 화면에 글씨를 쓰는 데 성공했다. 그 당시는 1분에 두 글자를 쓸 수 있었다고 한다. 같은 해에 니콜렐리스는 존 채핀과 함께 생쥐의 머리에 전극봉을 설치하여 생쥐가 로봇 팔을 조종할 수 있게 하였다. 니콜렐리스는 케네디가 전신마비 환자를 대상으로 했던 실험에서와 같은 방법을 사용했다.

BCI 장치의 연구는 2000년에 들어서서 원숭이를 대상으로 한 실험에서 성공을 거두었다. 부엉이원숭이의 뇌에 머리카락 굵기의 가느다란 탐침 96개를 꽂고 뇌파를 포착해서 로봇 팔을 움직이는 실험이 성공했다. 이 실험은 1,000킬로미터 떨어진 곳으로 뇌파 신호를 전달해 로봇 팔을 움직이는 방식으로도 시도해서 성공했다. 니콜렐리스는 2003년에 붉은털원숭이의 뇌에 700개의 미세전극을 이식해서 생각하는 것으로 로봇 팔을 움직이는 실험을 했다. 뇌에 이식하는 미세전극의 수가 증가할수록 뇌파를 정확하게 읽어낼 수 있다.

2004년에는 뇌에 이식할 수 있는 반도체 칩이 개발되었다. 브레인게이트(Brain Gate)라고 불리는 이 칩은 미국의 신경과학자 존 도너휴가 개발한 것이다. 4평방 밀리미터 정도의 크기에 사람의 머리카락보다 가느다란 미세전극 100개가 부착되어 있다. 도너휴는 25살의 사지마비 환자의 대뇌 운동피질에 1밀리미터 깊이로 브레인 게이트를 심었다. 9달 동안의 훈련 끝에 이 환자는 생각만으로 컴퓨터 커서를 움직여 전자우편을 보내고 게임도 즐길 수 있게 되었다. 나중에는 자신의 로봇 팔, 곧 의수를 마음대로 움직일 수 있었다고 한다.

2008년에는 BCI 기술이 한 단계 업그레이드된 해이다. 미국의 신경과학자 앤드류 슈워츠는 원숭이가 로봇 팔을 움직여 꼬챙이에 꽂혀 있는 과일을 빼먹는 장면을 연출했는데, 이것은 컴퓨터 화면의 커서를 움직이는 것보다 진보된 기술이다. 원숭이가 이 동작을 성공하기 위해서는 원숭이 뇌에 이식된 전극을 통해 수집한 신호를 3차원 공간 정보로 해석할 수 있어야 하기 때문이다. 컴퓨터 화면은 2차원이지만 현실 세계는 3차원이다. 우리가 실제로 몸을 움직이는 것은 3

차원 공간에서이다. 슈워츠의 실험을 통해 비로소 두뇌 신호를 실제 운동으로 전환시키는 BCI 기술이 등장한 것이라고 볼 수 있다.

이후 BCI 연구는 좀더 다양한 방식으로 실험이 진행되었다. 스페인과 일본에서는 생각만으로 움직이는 휠체어가 개발되었다. 뇌파 측정장치가 부착된 두건을 쓴 휠체어 이용자는 생각으로 휠체어의 방향과 운동을 조절할 수 있다. 이 장치를 이용하면 신체마비가 심한 사람도 혼자서 휠체어를 이용할 수 있다.

BCI를 어디에 응용할 수 있을까?[13]

BCI는 의료, 군사, 오락, 스포츠, 산업 등 다양한 분야에서 활용 가치가 매우 높은 기술이다. 현재 BCI 기술의 가장 큰 효용이 기대되는 곳이 의료 영역이다. 다른 사람의 도움 없이는 아무것도 할 수 없는 전신마비 환자도 이 기술을 이용하면 물마시기, 식사, TV 채널 바꾸기, 전화통화, 전자우편 보내기 등 여러 가지 일들을 혼자서도 할 수 있을 것이다. 더욱이 외골격 로봇을 활용하면 하반신마비 환자도 걸어서 이동할 수 있다. 아직은 기술적으로 부족하지만, 장래에는 전신마비 환자가 외골격 로봇 같은 것을 활용하여 보통 사람처럼 일상생활을 하는 날이 올 것이다. 그리고 더 먼 미래에는 마비된 몸을 기계로 대체한 사이보그가 등장하지 않을까?

2014년에 독일의 뮌헨공대에서는 브레인 플라이트(Brain Flight) 프로젝트가 진행되었다. 생각만으로 모의 비행기를 이착륙시키는 실험이다. 비행기 조종 경험이 전혀 없는 사람을 포함하여 실험 참가가 7명이 모두 뇌파 기록장치가 달린 모자를 쓰고 생각만으로 모의비행에 성공하였다.

BCI 기술이 활발하게 응용될 것으로 예상되는 분야 가운데 하나가 군사 분야이다. 예컨대 브레인 플라이트 프로젝트를 무인 비행 장치인 드론의 조종에 응용할 수 있다. 조종사는 뇌파 감지 센서가 부착된 헬멧을 쓰고, 예컨대 머릿속으로 손바닥을 쫙 펴는 상상을 하여 소형 무인 헬리콥터의 프로펠러를 돌리고, 양손을 위로 하는 상상을 해서 헬리콥터를 이륙시키고, 오른손을 드는 상상을 하여 헬리콥터를 오른쪽으로, 왼손을 드는 상상을 해서 헬리콥터를 왼쪽으로 이동시킨다. 그리고 양손을 아래로 내리를 상상을 해서 헬리콥터를 착륙시키고, 쫙 핀 손바닥을 접어 주먹을 쥐는 상상을 해서 프로펠러를 정지시킨다. 이런 식으로 생각만으로 무인 비행장치를 조종할 수 있을 것이다.

BCI는 산업 현장에서도 활용되고 있다. 외골격 로봇 혹은 로봇 슈트의 강력한 인공 근육은 여러 사람도 들기 힘든 물건을 혼자 들어서 나를 수 있게 한다. 무거운 물건을 들거나 들어 옮길 때뿐만 아니라

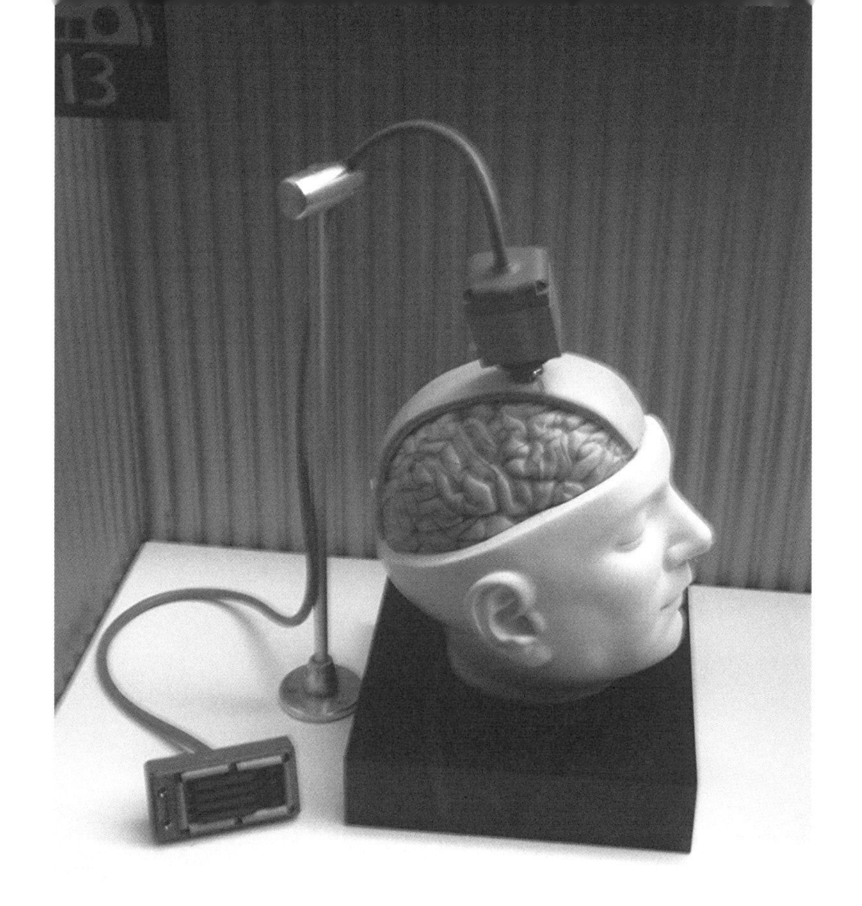

"2004년에 뇌에 이식할 수 있는
반도체 칩인 브레인 게이트(Brain Gate)가 개발되었다.
4평방 밀리미터 정도의 크기에 사람의 머리카락보다
가느다란 미세전극 100개가 부착되어 있다.
브레인게이트를 대뇌 운동피질에 이식한 25살의
사지마비 환자는 생각만으로 컴퓨터 커서를 움직여
전자우편을 보내고 게임도 즐길 수 있었다."

오랜 시간 걷거나 달릴 때, 혹은 빠르게 달릴 때도 이용될 수 있을 것이다. 물론 아직은 그렇게 자유자재로, 신속하게 움직이는 로봇 관절의 개발은 완료되지 않았지만 말이다.

그 밖에 BCI 기술은 게임이나 교육용으로도 활용 가능성이 크다. 애초에 전신마비 환자를 위한 의사소통 수단으로 개발된 BCI 기술은 오늘날 게임과 결합하여 주의력결핍 과잉행동장애(ADHD), 치매, 우울증 예방 및 증상 완화 등을 위해 사용할 수 있도록 응용되고 있다. 아동의 두뇌 발달이나 학습 능력 향상을 위한 보조 수단으로도 연구되고 있다.

불교에서 바라보는 인간의 몸

BCI는 생물학적인 우리의 몸을 확장시킨다. 손상되거나 장애를 지닌 생물학적인 몸을 기계적인 몸으로 대체한다. 미래에는 BCI를 통해 마음까지 확장할 수 있게 되겠지만, 현재로서 BCI는 몸의 확장에 제한되어 있다. 사고나 선천적인 이유로 몸에 장애를 가진 사람에게 BCI는 건강한 몸을 돌려받는 새로운 기회가 될 것이다. BCI의 미래는 사이보그(cyborg)가 될 것이다. 사이보그는 기계장치와의 결합을 통해 인체를 강화한 존재이다. 할리우드 영화 〈로보캅〉(1987)

오온(五蘊)

불교에서 말하는 인간을 구성하는 다섯 가지 요소의 더미를 오온이라고 한다. 오온은 오음(五陰)이라고도 하는데, 산스크리트어 판카-스칸다(pa˜nca-skandha)의 번역어이다. 여기서 스칸다(skandha)가 '무더기', '더미', '집합'의 뜻이다. 오온은 개인 존재를 구성하는 5가지의 구성요소를 말하는데, '색'(色), '수'(受), '상'(想), '행'(行), '식'(識) 이렇게 다섯 가지이다. 괴로움이 일어나고 소멸하는 12연기가 인간 존재의 역동적인 과정을 가리키는 것이라면 오온은 정태적인 인간 존재의 구성 요건을 말한다. 오온을 간단히 정리하면 다음과 같다.

색온: 몸이라는 무더기, 몸의 감각 무더기
수온: 괴로움이나 즐거움 등 느낌의 무더기
상온: 생각, 관념의 무더기
행온: 의지, 충동, 의욕의 무더기
식온: 식별하고 판단하는 인식의 무더기[14]

오온으로 인간은 괴로움으로부터 벗어날 수 없다. 오온에 대한 집착을 버리고, 우리가 오온으로 구성된 존재임을 깨달을 때 번뇌로부터 벗어날 길이 열린다. 나 자신을 오온으로 해체해서 매 순간 일어났다가 사라지고 사라졌다가 일어나는 몸-마음의 생멸을 끊임없이 깨달아야 무상(無常)이 보이고, 무아(無我)가 드러난다. 개체로서의 자아가 희박해지고 몸-마음에 대한 집착이 서서히 떨어져 나갈 때, 괴로움의 원인인 갈애가 소멸되고 평온이 온다.[15]

"불교는 몸과 완전히 구분되어 별개로
존재하는 영혼 같은 것을 상정하지 않는다.
오히려 몸의 과정은 정신과정에 의존하고,
정신과정은 몸의 과정에 의존하는 것으로,
몸과 마음을 상호의존적인 것으로 이해한다.
그리고 불교는 신체를 명상의 대상으로
봄으로써 자기 변형의 중심 자리로 활용한다."

의 주인공 머피가 바로 사이보그였다. 머피는 머리를 제외한 몸이 모두 기계장치이다. 1970년대 안방극장에서 인기몰이를 한 TV시리즈 〈600만 불의 사나이〉의 주인공 스티브 오스틴은 로보캅보다 훨씬 오래전에 등장한 사이보그였다.

BCI는 우리에게 몸의 중요성과 의미에 대해 다시 생각할 기회를 갖게 한다. 서양 사상에서 몸은 마음에 비해 열등한 것으로 취급되는 경향이 있었다. 인간에게 본질적인 것이 영혼 혹은 마음이고, 몸은 부차적인 것, 심지어 부정적인 것으로까지 취급되었다. 하지만 우리는 몸 없이 살 수 없으며 삶에 대한 욕망을 비롯하여 우리의 욕망들은 몸을 통해 표현된다. 그래서 서양 사상은 몸을 불가피하지만 영혼을 욕망에 종속시켜 진리를 파악하는 데 방해가 되는 요소로 보았다. 하지만 불교는 몸을 열등하게 취급하고 마음만 우월하게 생각하지 않는다. 불교는 몸과 완전히 구분되어 별개로 존재하는 영혼 같은 것을 상정하지 않는다. 오히려 몸의 과정은 정신과정에 의존하고, 정신과정은 몸의 과정에 의존하는 것으로, 몸과 마음을 상호의존적인 것으로 이해한다. 그리고 불교는 신체를 명상의 대상으로 봄으로써 자기 변형의 중심 자리로 활용한다.

불교에서 인간은 색수상행식의 다섯 가지 요소(오온)의 복합체로 본다. 색은 몸을 구성하는 요소 일체를 말하고 수상행식은 정신 작용 일체를 가리킨다. 붓다는 몸과 마음이 따로 떼어놓을 수 있는 것이 아니라는 불이론적(不二論的) 입장을 지켰다. 한때 붓다는 감각적 욕망을 극단적으로 억압하는 고행주의의 신봉자였다. 하지만 붓다는 일방적인 욕망의 억압은 진정한 자유를 얻는 데 도움이 되지 않는다는 것을 알아차리고 보리수나무 그늘 아래에서 명상에 들어가 진정한 깨달음을 얻었다. 진정한 자유에 도달하는 방법은 육체에 대한 억압이 아니라, 육체적 욕망에 대한 적절한 대응이었다. 붓다는 감각적 욕망을 과도하게 추구하는 것은 물론이고 지나치게 억압하는 것 또한 인정하지 않았다. 붓다가 강조한 것은 감각적 욕망을 억제하는 것이 아니라 감각적 욕망에 대한 집착을 버리는 것이었다.

붓다는 감각적 욕망에 가장 밀접하게 연관되어 있는 것으로 의복, 음식, 좌구(坐具), 의약품을 꼽고, 그것들에 집착하지 말 것을 가르쳤다. 여기서 집착하지 않는다는 것은 이런 것들로 인해서 탐욕이나 분노를 느끼지 않는다는 것을 말한다. 이런 것들 자체를 멀리하라는 뜻이 아니다. 오히려 적절한 의복과 음식, 좌구, 의약품은 우리에게 필요한 것이다. 의학적인 용도로서 BCI는 상실된 몸의 욕망을 회복시킴으로써 욕망의 존재로서 인간의 삶을 다시 가능하게 만든다. 상실된 몸 혹은 장애를 지닌 몸은 욕망을 적절하게 추구하는 것을 방해함으로써 삶을 불행하게 만들기도 한다. 몸의 장애로 인해 좌절된 욕망은 욕망에 대한 갈망을 강화할 것이고, 결국 몸에 대해 집착하고, 그로 인해 괴로워하게 만들 것이다. 그런 맥락에서 BCI는 상실된 욕망을 다시 회복시키고, 왜곡된 욕망을 바로잡음으로써 욕망의 건강한 추구를 가능하게 만들 것이다. 어떤 감각적 욕망도 영구불변하는 것을 추구하는 것이 아니며, 무상한 것임은 물론이다. 그러나 몸을 지닌 인간으로서 우리에게 욕망은 어떤 면에서 불가피한 것이 아닐까?

2부
생명, 자연, 그리고 불교

1장. 생명공학과 보시행

2장. 합성생물학과 생명의 인연

3장. 냉동인간과 불로장생의 꿈

4장. 나노기술과 불멸에 대한 욕망

5장. 청색기술과 불교적 자연관

1장 생명공학과 보시행

오래전에 감동을 받은 영화 가운데 덴젤 워싱턴 주연의 〈존 큐〉(2002년)라는 영화가 있었다. 야구 경기 도중 쓰러진 아들의 심장 이식 수술을 위해 병원에서 인질극을 벌이는 아버지 존 큐의 심정에 나의 감정이 이입되어 마음이 크게 동요했다. 아버지 존 큐의 요구는 단순했다. 심장이식 수술 대기자 명단에 아들의 이름을 올려달라는 것. 하지만 이 요구는 수용되지 않았고 존 큐는 마지막 수단으로 목숨을 걸고 인질극을 벌였다.

세상에는 장기이식이 유일한 생존의 길이라는 진단을 받은 환자들이 다수 있다. 이들에게 장기이식은 고통과 죽음의 공포에서 벗어날 길을 보여주는 한 줄기 빛이다. 장기 손상으로 인해 정상적인 삶을 영위할 수 없는 사람들, 주요 장기의 심각한 손상으로 죽음을 앞두고 있는 사람들에게 새로운 장기는 새로운 삶과 새로운 생명을 의미한다. 그래서 장기이식을 기다리는 사람들의 수가 넘쳐 난다. 우리나라의 경우에 2014년 말 기준으로 장기이식 대기자 수가 24,607명이다. 하지만 기증자 수는 2014년 기준으로 대기자의 10분의 1 정도인 2,471명이었다. 같은 해에 심장이식 대기자 수는 324명이었다. 장기이식 대기자 수는 매년 크게 증가하고 있다. 의료기술의 발달로 이식에 필요한 장기만 구할 수 있다면 생명을 구할 수 있다는 희망이 커진 것도 한 가지 이유일 것이다.

인류 최초의 심장이식 수술은 1967년에 남아프리카공화국에서 시행되었다. 외과의사인 크리스천 버나드(Christian Barnard)가 56세의 심근경색 환자에게 교통사고로 뇌사 상태에 빠진 29세 여성의 심장을 이식했다. 이식은 성공적이었지만 폐렴에 감염돼 수술 18일 만에 사망했다. 국내에서는 1992년에 송명근 박사가 처음으로 심장이식 수술을 성공적으로 시술했다.

20세기 후반 생명공학의 발전은 사람들을 놀라게 했다. 1996년 영국 로슬린연구소의 이언 윌머트(Ian Wilmut) 박사 연구진이 핵치환 방식으로 체세포 복제에 성공했기 때문이다. 그 유명한 돌리라는 이름의 복제양을 탄생시킨 것이다. 2000년대 벽두에는 세계 여러 나라가 공동으로 인간유전체 지도를 완성했다는 소식을 들었다. 줄기세포를 이용한 새로운 치료법에 관한 뉴스는 이제 흔하다. 장차 맞춤아기(designer baby)까지 등장할 것이라는 기대가 무성하다.

생명공학의 발전에 따라 장기이식 시술도 발전하고 있다. 다른 사람의 장기를 이식하는 것 이외에 동물의 장기를 이용하는 방법이 연구되고 있고, 인공적으로 만들어낸 인공 장기가 더욱 소형화되고 정교해지고 있다. 장기이식 기술을 비롯하여 생명공학의 발전으로 인간의 수명이 크게 증가할 것이라는 예상이 이제 일반적이다.

이처럼 생명공학의 발전은 우리에게 많은 이득을 약속하고 있고, 특히 의료 영역에서 큰 혜택을 기대하게 만들고 있지만, 다른 한편으로 윤리적·철학적·법률적·사회적 측면에서 전에는 생각지도 못했던 문제들을 불러왔다. 그렇기 때문에 생명공학의 발전에 대해, 또 생명공학 연구에 대해 논란이 벌어지고 있는 것이 사실이다. 그래서 생명윤리라는 새로운 학문 영역이 확고히 자리를 잡게 되었다. 오늘날 사

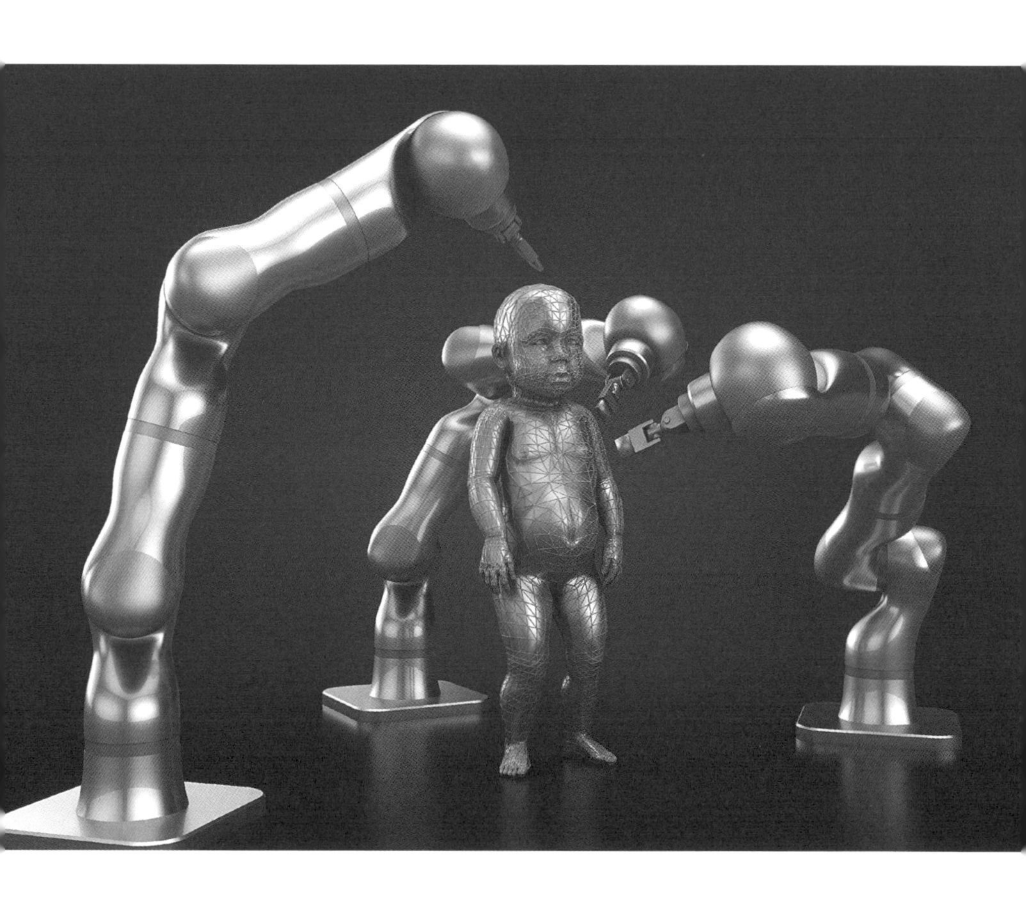

"20세기 후반 생명공학의 발전은 놀랍다. 1996년
윌머트 박사 연구진이 핵치환 방식으로 체세포 복제에
성공하여 복제양 돌리가 탄생했다. 2000년대 벽두에는
인간유전체 지도가 완성되었다. 장차 맞춤아기까지
등장할 것이라는 기대가 무성하다."

회 환경에서 시장이 막강한 위력을 자랑하고 논리를 지배하고 있지만, 그럼에도 불구하고 인간의 가치와 본성에 대해 관심을 기울이고 있는 많은 사람들이 생명공학을 예의주시하고 있다.

불교는 생명공학을 어떻게 바라볼까? 불교는 신을 조물주로 상정하고 생명을 신의 피조물로 여기는 기독교와 다른 관점을 보여줄 것이 분명하다. 현재 생명공학에 대해 가장 강력한 반론을 펴고 있는 것이 종교 진영인데, 불교는 좀더 수용적인 태도를 보여준다. 불교에서는 인간을 포함하여 일체 중생을 고정된 실체로 가정하지 않으며 창조자로서의 신을 상정하지도 않기 때문이다. 더욱이 불교의 기본 정신이 생명공학 같은 기술의 긍정적 목적을 지지한다. 붓다가 세상에 온 목적은 일체 중생의 고통을 제거하는 것이었다. 인간에게는 수많은 고통이 있지만 그 가운데 생로병사의 네 가지 고통이 가장 크다. 생명공학은 의료적 목적으로 사용되어 인간에게서 이 네 가지 고통을 줄여줄 것이다. 대의왕(大醫王)으로서의 붓다의 이미지, 그리고 약사여래불은 이런 생각의 근거가 된다. 불교의 실천사상인 자비정신은 생명공학이 인간에게 혜택을 가져다주고 고통을 덜어줄 수 있다면 생명공학을 옹호할 것으로 기대된다. 생명이 있는 것, 즉 일체 중생에게 행복을 주는 여약(與藥)이 자(慈)이며 불행을 없애주는 발고(拔苦)가 비(悲)이다. 그러므로 생명공학이 중생의 행복을 증진시키고 고통을 감소시킨다면 생명공학 연구를 자비의 실천이라고 할 수 있다고 할 것이다. 하지만 좀더 깊이 들여다보면 문제는 생각만큼 간단하지 않은 듯하다. 지금부터 장기이식을 중심으로 생명공학에 대해 불교적 관점에서 좀더 상세히 논의해보려고 한다.

먼저 자비가 무엇인지 알아보자. 일상적으로 사용하는 사랑이라는 말은 인간중심적인 감정이다. 기본적으로 인간 사이에서 생기는 감정이다. 동물에 대해서 사용하는 경우도 있지만 인간 사이의 감정의 연장 혹은 유비이며, 특정한 동물들에만 한정된다. 하지만 자비는 살아 있는 일체 중생을 대상으로 한다. 그런 의미에서 자비는 인간중심적 사고를 초월해 있다. 자비의 대상으로서 인간과 동물은 차이가 없다. 불교의 첫 번째 원칙인 불살생의 원칙은 인간과 동물에게 무차별적으로 적용된다. 또한 자비는 자기 자신에게 친근하거나 그렇지 않거나를 가리지 않고 모든 것에 평등하게 미친다.

서양의 사랑이 감정적이며 상대적인 성격을 띤다면, 자비는 순수한 절대적 성격을 띤다. 물론 불교는 인간적인 애정을 부정하지 않는다. 인간 사이의 바르고 아름다운 애정을 오히려 적극 인정한다. 하지만 이것은 세속적인 사랑이며, 언제든 변할 수 있는 상대적인 사랑이라는 점도 지적한다. 자비는 사랑의 상대성과 차별성을 초월하여 무차별과 평등의 관점을 지킨다. 자비는 자신에게 친근하든 그렇지 않든, 인간이든 아니든 가리지 않는 평등한 마음을 근본으로 한다.

논의를 명확히 하기 위해 장기이식의 종류를 구분할 필요가 있다. 우리는 그동안 다른 사람의 장기를 이식하는 시술뿐만 아니라 동물의 장기를 이식하려는 시도도 해왔다. 사람으로부터 장기를 구하는 데는 한계가 있기 때문이다. 이와 더불어 인공적으로 장기를 만들어 사용하려는 시도도 하고 있다. 다른 사람의 장기를 이식하는 것을 동종이식이라고 하고, 다른 동물의 장기를 이식하는 것을 이종이식이라고 한다.

자신의 장기를 타인의 생명을 구하기 위해서 제공하는 행위는 불교적 정신의 핵심인 자비심의 발로라고 생각된다. 자신의 신체를 보시하는 사례는 불교 경전에서도 확인된다. 붓다의 전생 이야기를 담은 『자타카』에는 불도를 구하기 위해 자신의 생명조차도 버리는 사신(捨身)의 사례가 여럿 발견된다. 토끼 이야기나 시비왕 이야기는 자신의 신체나 그 일부를 타인에게 아낌없이 주는 이야기이다. 『대반열반경』에 등장하는 설산동자는 진리를 얻기 위해 자신의 몸을 나찰에게 바친다.

물론 장기기증은 불교 경전에 나오는 사신의 사례와는 조금 다르다. 장기기증은 생명을 바치는 행위와는 무관하기 때문이다. 간의 일부나 신장 한 쪽처럼 생체 장기를 기증한다고 해서 생명이 위험에 빠지지 않으며, 죽은 후에 장기를 기증하는 사체장기 기증은 죽음과 무관하다. 사신을 『자타카』의 사례보다 넓게 이해하여 신체의 일부를 제공하는 것이라고 해석하여 장기기증을 일종의 사신 행위라고 이해한다고 해도, 장기기증의 사신은 죽음을 함축하지 않는다. 따라서 장기기증은 불살생의 원칙에 위배되지 않는다. 살아 있는 사람의 목숨을 내놓는 장기기증이나 장기이식은 오늘날 불법이므로 여기서 논할 필요가 없다. 생체이든 사체이든 장기이식은 불살생의 원칙에 위배되지 않을 뿐더러 오히려 사람의 생명을 구하는 일종의 보시행이라고 생각된다.

그런데 사신 행위로서 장기기증을 적극적으로 장려하는 것이 불교적 관점에서 바람직한 것인지에 대해서는 좀더 살펴볼 필요가 있다. 특히, 우리 사회에서는 가족을 위해 장기제공을 할 수 있는 상황이 벌어지면, 자신의 신체의 일부인 장기를 제공하는 것이 도덕에 부합하는 것이고 장기 제공을 거부하는 것이 부도덕한 행위로 취급되는 의식이 팽배해 있다. 그래서 우리나라의 경우 가족 간의 장기제공이 다른 어느 나라보다 높게 나타난다는 통계가 있다. 가족 간에는 장기제공에 대한 사회적 압력이 작용하고 있기 때문일 것이다.

엄밀히 말하면, 보시는 세 가지 요소로 구성된다. 보시하는 사람, 보시 받는 사람, 보시의 대상, 이 세 가지가 보시의 기본요소들이다. 먼저, 인체의 장기 역시 보시의 대상으로 볼 수 있다. 불교 경전에서 보면 신체 혹은 신체의 일부도 보시의 대상으로 보고 있기 때문이다.

"이종이식에서 면역거부 반응 문제를 해결하기
위해서 동물의 몸에서 사람의 장기를 키우는 방법,
이른바 트랜스제닉 동물을 만들어 면역계 거부 반응을
최소화하려는 시도들이 최근 활발히 이루어지고 있다."

문제는 보시하는 사람과 보시 받는 사람에게 있다. 『유가론』 성문지에 보시하는 사람의 마음가짐에 대해 언급되어 있다. "보시하기 전에 기쁘게, 보시할 때는 마음을 청정하게, 그리고 보시하고서는 후회하지 않아야 한다."는 원칙이 제시되어 있다. 또한 보시는 자비심을 바탕으로 하고, 철저하게 자발적인 마음을 기초로 해야 한다. 가족 등 대리인에 의한 결정은 보시가 될 수 없다는 것이다.

『유가론』에는 보시 받는 사람의 마음에 대해서도 적고 있다. "보시를 받는 사람들은 싫어하고 미워하는 감정을 품지 않는다. 또한 다른 사람에게 보시되어진 이것들의 유정이 해침을 당하는 것도 없다."고 한다. 보시 받는 사람 또한 보시하는 사람과 같은 도덕적 태도가 필요하다는 것이다.

장기이식이 보시가 되기 위해서는 장기 제공자와 장기 수혜자, 그리고 장기(보시물)가 모두 집착과 분별로부터 떠나 있어야 한다. 이른바 삼륜청정(三輪淸淨)의 조건이 갖추어져야 한다. 그런데 장기기증은 삼륜청정을 만족시키기 어렵다. 현실적으로 인간에게는 불가능한 요구이기 때문이다. 보시는 받는 사람은 삶에 대한 집착이라는 부정적 마음을 버리기 어렵다. 그런 식으로까지 생명을 연장하고 목숨을 구하려고 한다는 것이 집착이 아니면 무엇인가, 라는 물음에 답하기 곤란하기 때문이다.

보시의 관점에서 장기기증을 해석하는 것이 무리일 수 있다. 『자타카』에 나타난 보시는 어디까지나 붓다의 전생인 보살의 행위이다. 이런 전생 이야기의 의도 역시 붓다의 위업에 대한 찬탄이지 이 이야기를 듣는 사람이나 신자에게 붓다와 같은 보시 행위를 요구하기 위해서가 아니다. 보통의 사람들은 보살의 행위를 따라 하기 어렵다. 더욱이 발달된 의료기술의 기대값이 상승해 있고, 국가 기관이나 병원에 의해 의료자원의 할당이 이루어지고 있는 구조 아래에서는 삼륜청정과 같은 순수한 보시는 이루어지기 어렵다.

이종이식은 불살생의 원칙을 피할 수 있을까?

동물의 세포나 조직, 장기를 사람의 몸에 이식하는 이종이식은 인체 장기의 부족이 극심한 상황을 타개하기 위해 오늘날 크게 주목받고 있다. 그런데 살펴보면 이종이식은 역사가 꽤 오래되었다. 동물의 몸을 이용해서라도 질병을 치료하여 건강하게 살고 생명을 구해보려는 시도는 삶에 대한 강한 열망을 보여준다. 1628년, 이탈리아의 파두아, 이어서 영국 런던에서 동물의 혈액을 사람에게 수혈한 기록이 있다. 1682년에는 두개골이 손상된 러시아 귀족을 치료하기 위해 개의 뼈를 사용했다는 기록이 있다. 1902년에는 오스트리아의 에머리히 울만(Emerich Ullman)이 돼지의 신장을 한 여성의 팔 혈관에 이식했다. 1906년에는 프랑스의 마티외 자불레이(Mathieu Jaboulay)가 돼지와 염소의 신장을 사람의 팔 혈관에 이식했다.

과학적 시술이라고 할 만한 이종이식 시술은 1960년대에 들어와서야 가능해졌다. 1963년 미국의 토머스 스타즐(Thomas Starzl)은 개코원숭이의 신장을 6명의 환자에게 이식했으며, 이 환자들은 짧게는 19일에서 길게는 98일 동안 생존했다. 같은 해 미국 툴레인대학의 케이스 림츠마(Keith Reemtsma) 교수는 침팬지의 신장을 사람에게 이식했다. 그가 이식한 신장들은 9일에서 60일 정도 작동했으며, 한 번은 거의 9개월 동안 거부 반응 없이 정상적으로 기능했다고 한다. 1984년에는 심각하게 변형된 심장을 갖고 태어난 생후 12일 된 신생아에게 개코원숭이 새끼의 심장을 이식했다. 그 아이는 20일 동안 생존했고, 레너드 베일리(Leonard Bailey)가 이끈 수술진이 시술했다. 사이클로스포린(cyclosporine)이라는 면역억제제가 커다란 역할을 했다.

이종이식의 성패는 면역거부반응을 어떻게 처리하는가에 달려 있다. 사람과 동물 사이에는 사람과 사람 사이보다 면역거부반응이 훨씬 더 심하게 일어난다. 유전적 거리가 멀수록 면역거부반응이 심하기 때문에 동물 장기이식을 고민할 때 처음 관심이 간 동물은 인간과 가장 가까운 침팬지였다. 하지만 이종전염 때문에 침팬지를 후보에서 제외하고 최근에는 주로 돼지를 연구한다. 돼지는 이종전염을 일으키는 리트로바이러스를 가지고 있지 않으며 인체와 유사한 크기의 장기를 가지고 있기 때문에 가장 적합한 동물로 판단되었다. 면역거부 반응은 여전히 해결해야 할 문제임에도 불구하고 동물 장기에 관심이 높아진 이유는 생명공학기술을 이용해 그것을 극복할 가능성이 보였기 때문이다. 동물의 몸에서 사람의 장기를 키우는 방법, 이른바 트랜스제닉(transgenic) 동물을 만들어 면역거부 반응을 최소화하려는 시도들이 최근 활발히 이루어지고 있다.

불교적 관점에서 이종이식을 어떻게 볼 수 있을까? 일체 중생의 생명을 소중하게 여기고 생명을 빼앗는 폭력이나 살생을 금하는 불살생의 원칙에서 벗어난 것이 아닐까? 세상에 소중하지 않은 생명이 없으며, 인간이든 동물이든 모든 생명은 똑같이 소중하다는 불교의 평등사상에 비춰볼 때 자신의 생명을 구하기 위해, 심지어 삶의 질을 좀더 높이기 위해 동물을 살생하는 행위는 수용하기 어려운 것이 아닌가?

하지만 사람들은 동물의 고기를 식용으로 섭취하고 있으며, 불교 역시 사람들의 이런 습성을 부정하지 않는다. 음식이라는 것이 생명을 유지하기 위한 것이라고는 하지만 고기를 먹지 않는다고 해서 생명이 위태로워지지는 않는다. 그럼에도 불구하고 사람들의 육식에 반대하지 않는 입장을 불교적 관점에서 수용할 수 있다면, 생명을 구하기 위해, 치료적 목적으로 동물을 이용하는 것에 반대하기 어렵지 않을까? 이종이식은 육식보다 더 필요한 것이기 때문이다.

불교의 평등관은 독특한 점이 있다. 불교는 원래 오늘날의 민주적

이종전염

이종전염이란 인간에게 치명적인 병원균이나 바이러스가 동물의 신체 조직이나 장기를 통해 인간에게 옮겨지는 것을 말한다. 다른 동물, 예컨대 침팬지에게는 무해한 바이러스가 이식과 더불어 인간에게 치명적인 해를 입히거나, 심지어 전염병을 유발할 가능성이 연구를 통해 확인되었다. 대표적인 사례가 AIDS 바이러스(HIV: 인간 면역결핍 바이러스)이다. 원숭이는 HIV와 유사한 SIV(유인원 면역결핍 바이러스)에 감염되어도 해를 입지 않는다. 하지만 그것이 사람에게 전해졌고, 전 세계적으로 3천만 명 이상이 HIV 바이러스에 감염되었다. 이종이식의 후보로서 영장류가 다른 동물들에 비해 훨씬 유리함에도 불구하고 현재 이종이식 연구에서 영장류가 거의 제외되고 있는 것은 이런 이유 때문이다.

트랜스제닉(transgenic)

유전자 편집 기술을 이용해 한 종의 유전자를 다른 종으로 옮겨놓는 것을 가리킬 때, 또는 다른 유기체의 유전자를 포함하게 된 유기체를 가리킬 때 쓰는 말이다. 예를 들어, 인간에게 필요한 장기 공급원으로 연구되고 있는 트랜스제닉 돼지는 인간의 유전자를 일부 포함하고 있다. 트랜스제닉 돼지는 이종이식에서 면역거부 반응 문제를 해결하기 위한 방안으로 시도되고 있다. 오늘날 트랜스제닉 기법으로 유전자가 변형된 다수의 동식물을 만들어내고 있다. 대표적인 것이 유전자 변형 농산물이다. 트랜스제닉 동식물은 해당 동식물의 유전자의 일부를 그 동식물과 혈족관계가 없는 적어도 한 종의 유기체, 흔히 박테리아나 다른 동식물의 유전자로 바꿔 놓은 동식물 또는 그것의 자손을 가리키는 말이다.

사고방식과는 좀 다르게 차등적 평등관을 내세웠다. 일체 중생의 생명이 소중한 것이지만, 도덕적 탁월성의 정도에 따라 인간의 생명이 동물의 생명보다 더 귀하게 취급될 수 있다. 그래서 씨앗보다는 식물의 생명, 식물보다는 동물의 생명, 동물보다는 인간의 생명이 더 소중하게 여겨질 수 있다. 이런 관점에서 보면, 인간 중에서도 도덕적 인격성이 높은 생명일수록 존귀하게 대우받아야 한다. 이러한 차등적 평등의 관점을 택한다면 이종이식은 옹호될 수 있을 듯하다.

인공 장기이식은 어떤가?

인공 장기 혹은 인공 기관은 인간의 신체를 대신할 수 있는 생체공학적 장치이다. 오늘날 심장, 귀(와우각), 눈, 췌장, 생식기, 피부 등이 인공적으로 생산되어 사용되고 있다. 생명윤리적 관점에서 보면 인공 장기는 인체 장기나 동물 장기와 달리 생명과 관련된 윤리적 쟁점으로부터 자유롭다. 현재 연구가 활발히 진행되고 있지만 아직은 생체에 버금가는 인공물을 만드는 데 한계가 있다. 하지만 장차 사람이나 동물의 장기나 기관보다 인공물이 더 선호될 것이다. 생체에 비해 월등한 장점을 지니고 있을 것이기 때문이다. 아마 그런 날이 오면 인간은 사이보그가 되려는 꿈을 실현시킬지도 모른다.

불교적 관점에서 인공 장기의 이식을 어떻게 볼 수 있을까? 인공 장기이식은 인공물을 이용하므로 어떠한 생명도 해치지 않으면서 생명을 구하는 것이니 불살생의 원칙에 위배되지 않으면서도 인간의 고통을 줄여주는 것이니 지지하지 않을 이유가 없어 보인다. 다만, 인공 장기의 적합성을 실험하는 과정에서 많은 동물들이 실험용으로 쓰인다면, 그 지점에서는 문제가 될 것이다.

아주 발달된 인공 신체는 인간으로 하여금 자연의 한계를 상당 부분 극복할 수 있게 해줄지 모른다. 이른바 기술을 통한 인간 능력 향상의 길을 열어줄 것이다. 정신적으로나 신체적으로 월등한 능력을 지닌 인간의 등장, 또한 생로병사의 고통으로부터 훨씬 더 자유로워진 인간의 등장을 가능하게 할지 모른다. 이런 맥락에서 보면 인공 장기에 대한 연구는 어떤 것보다 장려되어야 하는 것이 아닐까?

이런 상상을 해보자. 인공 신체로 인해 거의 죽지 않는 인간, 즉 영원한 생명체가 등장했다고 해보자. 이것을 긍정적으로 수용할 수 있을까? 혹시 윤회를 거듭하면서, 다시 말해 생명이 나고 지고를 거듭하는 과정에서 업을 쌓고 깨달음을 향해 나아가는 것이라면, 영원한 생명은 깨달음의 경지에 도달할 기회를 박탈하는 것일지 모른다. 윤회의 사슬에서 벗어나는 길은 깨달음을 얻는 것인데, 기술을 이용한 영생은 깨달음 없이 윤회의 사슬에서 벗어나려는 것이므로 불교적 관점에서는 수용하기 어려운 것이 아닐까?

2장 합성생물학과 생명의 인연

코스타리카 서해안의 한 섬에 세워진 놀라운 테마 공원에서 벌어지는 공룡 소동을 다룬 영화 〈쥬라기 공원〉(1993)은 상당한 볼거리를 제공했다. 최첨단 컴퓨터 그래픽을 이용한 공룡 묘사는 놀라울 정도였다. 영화는 마치 살아 있는 실물처럼 보이게 공룡들을 묘사해 지구 역사상 가장 흥미로운 동물들을 마음껏 볼 수 있는 기회를 주었다. 하지만 이보다 더 놀라운 것이 있었다. 6천5백만 년 전에 멸종한 공룡을 살려낸 기술이다. 원작자인 마이클 크라이튼은 이언 윌머트 박사 연구진이 핵치환 방식으로 체세포 복제에 성공을 거두기 몇 년 전에 호박 화석 속의 모기 혈관 속에 보존되어 있는 공룡의 DNA로 공룡을 복원할 수 있다는 아이디어를 내놓았던 것이다.

이것은 이론적으로는 가능해 보여도 당시로서는 상당히 허구적인 상상이었다. 하지만 영화가 개봉되고 12년이 지난 뒤에 비슷한 일이 실제로 일어났다. 2005년 미국의 연구진이 사라진 지 90년 가까이 된 스페인 독감 바이러스를 되살려 냈다. 연구진은 알래스카의 영구 동토층에서 약 90년 전에 스페인 독감으로 희생된 사람들의 사체를 발굴하고 그 폐 조직에서 스페인 독감 바이러스의 DNA를 채취해 유전체를 복원하였다. 스페인 독감은 1918년에 전 세계를 휩쓸고 지나간 전염병으로 약 5천만 명의 희생자를 낸 인류 역사상 가장 유명한 인플루엔자였다.

생명을 창조하는 기술

이제 이 기술은 넓게 생명공학이라고 하기보다는 특정해서 합성생물학이라고 한다. 합성생물학은 자연 속에 존재하는 생명의 구성요소들을 재설계하거나 재구성하는 생명공학적 연구 영역이다. 합성

"합성생물학은 자연 속에 존재하는 생명의 구성요소들을 재설계하거나 재구성하는 생명공학적 연구 영역이다. 드류 앤디, 크레이그 벤터, 조지 처치, 제이 키슬링 등 선두주자들은 각기 다른 방식으로 합성생물학의 영역을 개척하고 있다."

생물학은 한 발짝 더 나아가서 자연 속에 존재하지 않는 생물학적 구성요소들로 생명을 창조하려고 시도하거나, 자연 속 생명을 모방하여 실제로 완전한 생명체를 창조하려는 목표를 가지고 있다.

합성생물학의 역사는 정확히 이 표현을 사용하지는 않았지만, 효소 등을 이용해 DNA의 일부를 잘라 내거나 덧붙이고, 유기체들 사이에서 DNA의 일부를 바꿔 끼우는 공학적 처치 수단인 재조합 DNA(recombinant DNA) 기술이 등장한 1970년대 중반까지 거슬러 올라간다. 그 후 체세포 복제기술과 인간 유전체 지도 완성 등 최근 10여 년 사이에 생명공학 분야에서 비약적인 기술적 진보가 있었다. 이런 토대 위에서 생물학에 공학적 접근법을 접목한 합성생물학이 본격적으로 시작되었다.

합성생물학은 전통적인 생물학과 같은 영역을 다루고 있지만 그 대상을 다루는 방식에서 전혀 다른 관점을 택하고 있다. 합성생물학은 생명의 영역을 단순히 관찰하고 기술하는 데서 벗어나 생명의 영역에서 공학적 처치를 감행한다. 그런 의미에서 생명공학의 일부라고 볼 수 있다. 합성생물학은 생물학에 다양한 공학, 즉 유전공학, 정보기술, 나노기술 등이 융합된 학문이다.

2009년 개봉 당시 대중의 폭발적 관심을 끈 영화 〈아바타〉에는 인공적으로 합성한 완전한 생명체가 등장한다. 자원고갈 문제를 해결하기 위해 외계의 행성 판도라로 떠난 자원탐사대의 비밀병기 아바타가 바로 그것이다. 판도라의 토착민인 나비족의 유전자와 인간의 유전자를 조합하여 나비족의 외형을 지닌 생명체인 아바타가 탄생했다. 아바타는 그 명칭에서 짐작할 수 있듯이 인간에 의해 원격 조종된다. 인간의 의식이 아바타로 옮겨간다고 할까, 일종의 원격 존재 기술이 활용된다.

아바타와 같은 합성생명체를 만들 수 있을까? 물론, 현재로서는 불가능하다. 하지만 합성생물학의 발전을 두고 볼 필요는 있다. 지금은 시작에 불과하지만 합성생물학 연구자들의 시도는 처음부터 대담하다. 현재 합성생물학의 연구 동향을 살펴봄으로써 합성생물학 연구자들의 대담한 시도가 미래에 실현될 수 있을지 여부를 가늠해 볼 수 있을 것이다.

합성생물학의 연구 동향[16)]

합성생물학 연구의 선두주자들로는 드류 앤디(Drew Andy), 크레이그 벤터(Craig Venter), 조지 처치(George Church), 제이 키슬링(Jay Keasling) 등이 있다. 이들은 각기 다른 방식으로 합성생물학의 영역을 개척하고 있다. 드류 앤디는 DNA와 여타 분자들로부터 생명의 구성 요소를 창조하려는 시도를 하고 있다. 스탠퍼드대학 교수이며 비

영리재단인 바이오브릭스재단(Biobricks Foundation)을 창설한 앤디의 목표는 생명이라는 복잡하고 놀라운 건축물을 지을 때 가장 기초가 되는 재료인 바이오브릭스(biobricks)를 개발하는 것을 목표로 하고 있다. 앤디는 DNA를 기반으로 표준적인 바이오브릭스를 만들고 그 목록을 완성하려고 연구 중이다. 앤디의 연구가 성공을 거두면 바이오브릭스, 즉 생명의 벽돌들로 우리가 원하는 생물학적 건축물, 다시 말해 생명체를 만들어낼 수 있을 것이다. 최소한 기존 생명체의 일부를 변경하여 생명을 재설계할 수 있을 것이다.

크레이그 벤터는 최소 유전체(minimal genome) 개발에 힘쓰고 있다. 최소 유전체란 생명 유지에 필요한 최소한의 유전적 재료만을 포함한 유전체를 말한다. 신세틱 제노믹스(Synthetic Genomics)의 창업자인 벤터는 박테리아로 연구를 진행하고 있다. 생명에 대한 공학적 처치의 효율을 극대화하기 위해서는 생명 유지에 필요한 요소들을 확인하고 반드시 필요하지 않은 요소를 제거할 수 있어야 한다. 벤터는 이미 한 종의 박테리아 유전체를 다른 종의 박테리아로 이식하는 작업에 성공하였으며, 한 박테리아의 유전체 사본을 만드는 작업에도 성공을 거두었다. 합성된 유전체 사본을 실제 세포 속에 집어넣어서 제대로 작동하게 만드는 데까지는 아직 도달하지 못했지만 상황은 낙관적이라고 말한다. 만일 이 작업이 성공한다면 하나의 기본 유기체로부터 다양한 물질을 생산해 내는 일이 가능해질 것이다.

조지 처치는 또 다른 방향에서 연구를 진행하고 있다. 처치가 집중하고 있는 것은 인공 세포의 합성이다. 하버드대학교 분자유전학자인 처치는 원세포(protocell)를 개발하고 있다. 그것은 간단한 무기물이나 유기물로부터 자연발생적으로 조립되는 것으로 마이크로 단위의 자기조직화 능력이 있는 진화하는 유기체이다. 원세포는 살아있다고 할 수 있으며, 박테리아 같은 단세포 유기체와 비슷하지만 자연 상태에 존재하는 박테리아보다 더 단순하다. 원세포 연구자 가운데 스틴 라스무센(Steen Rasmussen)처럼 독특한 접근법을 채택한 경우도 있다. 그는 DNA 대신 완전히 인공적인 합성 뉴클레오티드인 PNA(Peptide Nucleic Acid)를 사용한다. PNA는 DNA의 당-인산 골격 대신에 펩티드를 사용한다. 처치나 라스무센 같은 연구자들의 노력이 성공을 거둔다면, 우리는 인공 세포, 다시 말해 자기조직화하고 진화하고 생명을 가진 것처럼 작동하는 시스템을 인공적으로 만들어낼 수 있을 것이다.

마지막으로 제이 키슬링은 생체분자를 합성하는 일에 초점을 두고 연구하고 있다. 게이츠재단(Bill & Melinda Gates Foundation)의 투자를 받은 키슬링은 말라리아 치료 약물인 아르테미신(artemisin)의 전구체인 아르테미시닌(artemisinin)을 생산해내는 박테리아를 합성하는 성과를 올렸다. 또한 살충제를 분해하는 박테리아를 개발하고 있으며, 바이오 연료를 생산하는 박테리아도 연구하고 있다.

합성생물학 연구는 여러 가지 면에서 상당한 이득을 가져온다. 합성생물학은 생명과 진화에 대해 이해하는 데 큰 도움이 될 것이다. 생명과학 분야의 연구에 유용한 수단을 제공하여, 과거 불가능했거나 어려웠던 연구를 가능하게 하고 쉽게 만들 것이다. 이를테면, 특정한 유전적 구성을 가진 유기물을 자유롭게 구성할 수 있다면 과학자는 자신의 가설을 직접 시험해볼 수 있게 된다. 특히, 합성생물학은 의료와 에너지 등의 분야에서 이득을 줄 것이다. 예컨대, 바이오연료를 생산하는 박테리아는 식량자원의 소모 없이 에너지를 확보할 수 있다는 점에서 기대가 된다.

우리는 이렇게 합성생물학으로부터 다양한 이득을 기대할 수 있지만, 반대로 합성생물학에 대한 우려도 간과하기 어렵다. 이 기술이 그만큼 위력적이기 때문이다. 서양철학적 관점에서 합성생물학 연구가 인간의 오만함을 드러내는 행동이라는 비판이 있다. 생명은 가장 가치 있는 것이고 신성한 것이기까지 하므로 인간의 마음대로 조작하거나 손상시키지 말아야 한다는 것이다. 합성생물학은 인간이 넘지 말아야 할 선을 넘어선 것이며, 합성생물학 연구는 과학자들이 마치 '신처럼 행동하는 것'이다. 이런 비판 속에는 인간이 생명을 마음대로 주무르는 행동이 어떤 재앙을 불러올지 모른다는 공포감과, 종교적 관점에서부터 비롯된, 금기를 깬 것에 대한 경멸감이 스며들어 있다.

불교적 관점에서는 합성생물학에 대해 어떤 반응을 보일 수 있을까? 생명 현상이나 생명체에 해당하는 불교 용어는 중생(sattva)일 것이다. 산스크리트어 사트바(sattva)는 존재라는 뜻을 지닌 사트(sat)에서 유래한 말이다. 따라서 사트바는 존재자로 옮길 수 있다. 사트바, 즉 중생은 범부, 유정, 중연화합생으로 구분된다. 범부가 인간에 해당하고, 유정이 생물에, 중연화합생이 생태계를 비롯한 존재자 일반에 해당한다. 불교에서는 세계와 생명 현상을, 연기라는 개념을 통해 이해한다. 일체의 존재는 인연화합의 결과로 생겨난 것이다. 존재하는 것들과 생명 현상에서 그 결과를 불러온 직접적인 원인 혹은 내재적 원인이 인(因)이고, 부수적인 원인 혹은 외재적 간접원인이 연(緣)이다. 인간을 비롯한 일체 존재와 생명 현상의 변화과정은 여러 가지 원인이나 요소들의 이합집산의 결과로 생겨난 것이며, 연기란 이런 수많은 요소들의 상호 관련성 혹은 상호 의존관계를 가리킨다.

합성생물학에 의해 어떤 생명체가 탄생한다면 그것을 이 연기의 법칙으로 설명할 수 있을까? 생명의 나고 지는 것이 인연의 결과라고 말이다. 어떤 연구자가 합성생명체를 만들어낸다면 그것 또한 그 이전에 지나갔던 수많은 인연의 결과라고 설명할 수 있을까?

불교에서는 생명의 여러 단계에 대해서도 언급하고 있다. 전생에서 금생으로 태어나고, 그리고 죽어서 다시 내세로 환생하는 윤회의

중유(中有)

중유는 세속불교에서 말하는 사유(四有) 가운데 마지막 기간이다. 산스크리트어로 중간의 존재를 뜻하는 'antarā bhava'의 번역어이다. 중음(中陰) 혹은 중온(中蘊)이라고도 한다. 일체 중생은 생유, 본유, 사유, 중유의 네 가지로 이루어져 있고, 이를 사유라고 한다. 죽은 후부터 다음 세상에 다시 태어날 때까지의 기간을 중유라고 한다. 그러므로 중유는 피와 살을 지닌 몸으로 존재하는 것이 아니라 의식으로 존재하며, 향을 음식으로 하므로 건달파(乾澾婆: 食香으로 번역)라고도 한다.[17] 명복을 빌기 위해 죽은 날로부터 7일마다 7회에 걸쳐 행하는 의식을 칠칠재, 혹은 49재라고 한다. 불교의 내세관에 따르면, 사람이 죽어 다음 생을 받을 때까지 49일이 걸리는데, 이 기간에 재를 지냄으로써 다음 생을 기원한다. 특히 염라대왕의 심판을 받는 날이 죽은 지 49일째 되는 날이어서 마지막 일곱 번째 재를 장엄하게 거행한다.[18]

환원주의

과학 연구의 주요 관점인 환원주의는 존재론적, 인식론적, 방법론적 주장을 포괄한다. 존재론적 환원주의는 유기체와 같은 생물학적 체계가 더 작은 부분, 다시 말해 분자와 그것들 사이의 상호작용에 의해 구성된다는 믿음이다. 방법론적 환원주의는 예컨대 생물 시스템에 대한 연구에서 가장 성과를 낼 수 있는 길이 가능한 가장 낮은 수준에서 연구를 진행하는 것이라는 믿음이다. 복합 시스템은 그 구성 요소들을 통해 연구할 때 가장 효과적이기 때문이다. 인식론적 환원주의는 한 과학 영역의 지식이 또 다른 과학 영역의 지식 체계로 환원될 수 있다는 믿음이다.

과정은 사유(四有)를 통해 설명된다. 사유란 생유(生有), 본유(本有), 사유(死有), 중유(中有)를 말한다. 모태에서 생명이 결성되는 찰나를 생유라고 하고, 출생에서 임종 직전까지를 본유라고 한다. 임종의 찰나를 사유라고 하고, 죽은 후 내세에 생명이 다시 결성되는 것을 중유라고 한다. 그런데 인간에 의해 인위적으로 합성된 생명은 모태에서의 생유과정을 겪지 않는다고 보아야 하지 않을까? 합성생명이 탄생하는데 어떤 인연이 작용하였다고 말할 수 있을까? 생명을 합성해 낸 연구자가 쌓은 업을 말하는 것이 아니라 생명체로 탄생하는 존재자의 인연을 묻는 것이다.

합성생물학은 환원적 사고의 결과

불교적 시각에서 생명체나 생명 현상은 수많은 요소들의 관계 산물이다. 일체 존재는 복잡다단한 인연의 그물 속에 있으며, 인연 관계를 이루는 조건들 가운데 어느 하나도 관계의 한 항으로 있을 뿐이고 그 관계를 벗어나서 실체적이고 독립적인 요소로 있지 않다. 태아가 형성되는 것도 중유를 포함한 삼사(三事)가 화합하여 일어나는 일이다. 실체적 요소로서 중유나 식이 중요한 것이 아니라 화합이라는 과정적 관계성이 중요한 것이다. 불교적 관점의 핵심은 인연의 관계이며, 이를 설명하기 위해 조건적인 요소들을 언급하는 것이다. 이 조건적 요소들은 실체로서 존재하는 것이 아니라 관계의 항으로서 존재하는 것이다.

합성생물학은 생명을 생명의 요소들을 통해 이해한다. DNA나 유전자, 세포 등이 생명의 기본 구성 요소라고 생각하고, 그런 요소들의 결합을 통해 생명체가 만들어진다고 본다. 이런 이해 방식을 통상 환원주의라고 한다. 불교적 관점은 환원적 사고와 구별된다. 존재하는 것을 몇 가지 필수 구성 요소들로 소급해 설명하지 않는다. 불교적 관점은 모든 것을 연관되어 있는 수많은 요소들의 관계를 통해 설명하고, 그 관계의 사슬은 삼세(三世)에 걸쳐 연결되어 있다고 한다.

합성생물학은 21세기에 그 성과가 가장 기대되는 과학기술 가운데 하나이다. 여러 분야에서 인간의 삶을 윤택하게 하고, 인간에게 이로운 혜택을 가져다줄 것이다. 하지만 그것이 전부일까? 서양철학적 관점에서는 다양한 비판이 제기되고 있지만, 불교적 관점에서도 살펴볼 여지가 많아 보인다. 많은 사람에게 혜택을 준다는 측면에서, 특히 의료적 이득을 가져다주는 면에서는 긍정적으로 볼 수 있지만, 불교적 관점에서 반드시 긍정적인 결론만 도출되지 않을 듯하다. 불교가 지니고 있는 다양성과 포괄성을 생각해 보면, 불교적 관점에서의 논의를 통해 합성생물학 연구를 좀더 다양한 측면에서 살펴볼 수 있을 듯하다.

3장 냉동인간과 불로장생의 꿈

인간은 얼마나 오래 살아야 만족할까? 남보다 오래 살면 행복할까? 옛날부터 사람들은 오래 살기를 바랐다. 이런 바람은 오늘도 그치지 않고 있어서, 건강하게 오래 사는 사람들이 선망의 대상이 되고, 장수마을이 뉴스에 오르내린다. 높은 평균수명은 선진국이나 살기 좋은 나라의 지표처럼 여겨지기도 한다.

인명은 하늘에 달려 있다는 생각에 장수하는 사람은 좋은 운명을 타고났다는 생각에서 선망의 대상이었다. 오늘날 사람의 수명은 많은 부분 운명보다는 의학기술에 달려 있는 것처럼 보인다. 의학기술이 발달하고 의료 체계가 잘 갖추어진 나라에 태어난 사람은 상당히 긴 수명을 누릴 수 있고, 가난한 나라에서 태어나 의료 혜택을 받기 어려운 사람은 하늘이 준 수명을 다하기 어렵다. 나날이 발전하는 의료기술 덕분에 불과 몇십 년 전에는 불치에 가까웠던 질병이 그리 어렵지 않게 치료되기도 하는데, 더욱이 최근에는 의료기술의 혁명을 예고하는 새로운 과학기술이 등장하고 있다. 나노의료나 생명공학 등이 그런 기술이다.

그러면 지금의 의학기술 수준은 우리의 운명인가? 과거보다는 더 나아졌지만 미래보다는 못한 운명 말이다. 지금은 불치이지만 미래에는 치료를 기대할 수 있는 질병도 있을 것이다. 다시 말해, 지금은 유명을 달리할 수밖에 없지만 50년 뒤에는 어렵지 않게 치료될 수 있는 질병도 있을 것이다. 그러니 의료기술의 수준도 운명이라고 할 수 있을 것이다. 그러나 이런 운명에 저항하는 방법도 있다. 바로 인체 냉동 보존술(cryonics)을 활용하는 것이다.

죽은 뒤에 인간의 몸은 썩어 흙으로 돌아가지만 절대 온도에 가까운 극저온으로 냉동시키면 손상 없이 그대로 보존할 수 있다. 인체 냉동 보존술은 죽은 뒤에 인간의 몸을 냉동보존하는 기술이다. 우리는 미래의 부활을 위해서, 미래의 새로운 삶을 위해서 이 기술을 이용할 수 있다. 인체 냉동 보존술의 관점에서 죽음은 끝이 아니며 잠재적인 생명정지 상태일 뿐이다. 기술이 발전한 미래에 다시 해동을 할 수 있다면 잠재적 생명 정지 상태를 중단하여 생명을 다시 시작시킬 수 있다. 이런 생각을 처음 과학적 관점에서 제기한 사람은 미국의 물리학자 로버트 에틴거(Robert Etinger)이다. 에틴거는 『냉동인간(The Prospect of Immortality)』(1962)이라는 책에서 죽은 사람의 몸을 섭씨 영하 196도에서 냉각시켜 보존하고 과학기술이 고도로 발달된 미래에 다시 살려내는 방안을 제안했다.[19]

오늘날 죽음은 의학기술과 관련이 깊은데, 조금 과장해서 말하면, 많은 죽음은 의학기술의 부족 탓이다. 과거 죽음을 면치 못했던 질병을 오늘날은 어렵지 않게 치료하는 것을 보면 이런 생각이 근거 없는 것이 아니다. 좀더 확장하면, 현재 죽음을 맞이할 수밖에 없는 사람들 가운데 상당수는 미래의 의학기술로는 죽음을 면할 수 있을 것이라는 상상이 가능하다. 그러므로 손상되지 않은 상태로 인체를 보존

"우리는 미래의 부활을 위해서, 미래의 새로운 삶을 위해서 인체 냉동 보존술을 이용할 수 있다. 죽음은 끝이 아니며 잠재적인 생명정지 상태일 뿐이다. 알코어 생명연장재단은 인체 냉동 보존 서비스를 제공하고 있으며, 2016년 말 현재 149명을 냉동 보존하고 있다."

할 수만 있다면, 현대의학의 한계로 인해 의료기술의 도움을 받을 수 없었던 사람들도 미래의 발전된 의학기술의 혜택을 받을 수 있을 것이다. 이것이 바로 인체 냉동 보존의 목적이다.

인체 냉동 보존은 허구적인 이야기가 아니다. 몸의 일부를 냉동 보존하는 기술은 이미 있다. 1950년에 소의 정자를 냉동 보존하는 데 성공한 이후에 1954년에는 사람의 정자를 냉동 보존하는 데 성공했다. 현재는 정자는 물론 수정란까지 냉동 상태로 보존해 두었다가 필요할 때 해동해서 사용한다. 이른바 시험관 아기 시술은 수정란을 냉동 보존할 수 없으면 지금보다 훨씬 힘든 시술이 되었을 것이다.

에틴거의 아이디어는 사람들의 상상력을 자극했고, 실제로 인체 냉동 보존술을 시술하는 기관이 생겨났다. 1972년에 설립된 알코어 생명연장재단(Alcor Life Extension Foundation)이 대표적으로 인체 냉동 보존 서비스를 제공하고 있다. 2016년 말까지 149명이 냉동보존 서비스를 받고 있다고 한다. 인체의 냉동 보존에는 까다로운 시술 절차와 엄격하게 관리되는 냉동 보존 시설이 필요하기 때문에 비용이 만만치 않게 소요된다. 현재 몸 전체를 냉동 보존하는 데는 20만 달러가 든다.

우리는 생명체의 냉동 보존 사례를 자연에서 발견할 수 있다. 실제로 영하 40℃ 이하의 혹한에서 살아가는 생명체들이 있다. 절대온도 가까운 온도로 냉동되었다가 해동된 후에도 살아나는 식물이 있다는 사실도 알려져 있다. 세포가 파괴되지 않으면 초저온에서도 생명을 유지할 수 있다. 2014년에 도쿄대학 해양생물학과 연구진은 -196℃의 액체질소에서도 생존하는 '슈퍼거머리'를 발견했다. 민물거북에 기생하는 깃거머리류(Ozobranchus)인 이 슈퍼거머리는 -196℃의 액체질소 속에서 무려 24시간을 생존했다. -90℃에서는 3년 동안 살아 있었다.

최근에는 30년 동안 냉동되었다가 깨어나서 활동한 생명체가 보고되었다. 일본 국립극지연구소가 밝힌 바에 따르면, 영하 20℃에서 30년 동안 냉동 보관한 이끼에 붙어 있던 '미소동물(微少動物)' 곰벌레를 관찰하였는데, 다시 깨어나 활동하며 산란까지 했다고 한다. 곰벌레는 몸의 길이 50㎛~1.7mm의 무척추동물로 느리게 걷는다고 완보동물이라고 한다.

왜 우리는 불로장생을 꿈꾸는가?

우리가 어렸을 때 읽었던 동화책은 대부분 주인공의 행복한 이야기로 결말을 맺었다. 그리고 마지막 말은 '오래 오래 행복하게 살았다'였다. 오래 사는 것과 행복이 깊은 연관이 있다고 믿었던 것 같다. 예전에는 오래 사는 것이 드문 일이었으니 그랬을 것이다. 또 만일 행복을 얻었다면 그 상태를 오래도록 유지하고 싶어서였을 것이다. 순식간에 사라져 버리는 행복이라면 제대로 된 행복이라고 보기 어려울 것이기 때문이다.

'불로장생의 꿈' 하면 가장 먼저 떠오르는 사람이 중국의 진시황이다. 진나라를 세워 중국을 통일한 진시황은 황제의 위에 오른 뒤 영원토록 천하를 호령하고 싶은 욕망에 불사의 영약을 원했고, 그것을 얻기 위해 사방으로 사람들을 보냈다. 진시황은 서불(徐市)을 삼신산으로 보내 불로불사(不老不死)의 약을 구해오게 하였고, 서복(徐福)을 동쪽으로 보내 불로초를 구해오게 하였다. 삼신산은 중국의 봉래산, 영주산, 방장산을 이르는 말로 선인(仙人)이 살고 있고 불사의 영약이 있다고 알려진 곳이다. 서복은 남녀 4천 명을 데리고 불로초를 구하러 동쪽으로 갔는데, 지금도 제주도의 정방폭포에는 '서복과지'(徐福過之: 서복이 지나가다)라는 글자가 새겨져 있어 제주도가 서복이 지나간 길임을 알려주고 있다고 한다.

불로장생의 꿈은 동양에만 있는 것이 아니었다. 그리스 신화의 신들은 불사의 존재이다. 북유럽 신화의 아스(ass)들도 불사의 존재이며, 그 우두머리가 오딘이다. 동양인들의 마음속에 불사의 영약인 금단과 불로초가 있었다면, 서양인의 마음속에는 '현자의 돌'이 있었다. 서양 중세의 연금술은 현자의 돌을 얻는 것이 최종 목표였다. 사람들은 보통 연금술사들이 비금속을 금으로 변환하는 방법을 찾으려고 애쓰던 사람들인 것으로 알고 있지만, 사실 연금술사들은 가장 완전한 물질을 찾는 데 몰두하고 있었다. 이른바 '현자의 돌'이라고 불리는 완전한 물질은 우주의 순수한 지식을 온전히 담고 있는 것으로 불완전한 것을 완전한 것으로 변환시키고, 모든 병을 치료하고, 노쇠함을 젊음으로 바꿔 놓는다. 그래서 '현자의 돌'을 소유한 사람은 불사의 몸을 얻게 되는 것이다.

냉동인간은 인류의 오랜 욕망을 지지한다. 정말로 냉동 처리된 사람들이 몇십 년 후에 혹은 몇백 년 후에 해동되어 다시 살아날 수 있을까? 불확실하지만 다시 살고 싶은 욕망이 이런 냉동인간 시술을 선택하게 만들었다. 아니, 어찌 생각하면 손해 볼 것이 없는 일이다. 어차피 죽는데, 혹시 다시 살아날 길이 있다면 거기에 투자하고 조금 희망을 가져도 좋지 않을까? 혹시 다시 살아난다면 그건 일종의 덤이니까.

많은 사람들이 죽음을 두려워한다. 이 두려움으로 말미암아 사람들은 죽은 뒤의 삶을 생각해냈다. 죽음을 완전한 소멸이 아니라 새로운 시작이라고 생각함으로써 죽음의 두려움을 피하려 했던 것이다. 이런 점에서 보면 죽음에 대한 두려움은 소멸에 대한 두려움이다.

죽음을 두려워했던 진시황을 보면, 부이건 권력이건 많이 가진 사람들이 죽음을 더 두려워하지 않을까 하는 생각이 든다. 죽음에 대한 두려움은 가진 것을 잃지 않으려는 욕망의 표현인 것이다. 모든 것은 내

"불로불사의 영약을 원했던 진시황에서 보듯이, 부이건 권력이건 많이 가진 이들이 죽음을 더 두려워하는 듯하다. 죽음에 대한 두려움은 가진 것을 잃지 않으려는 욕망의 표현이다. 모든 것은 내려놓은 사람, 무소유의 지혜를 터득한 사람은 죽음이 두렵지 않을 듯하다."

려놓은 사람, 무소유의 지혜를 터득한 사람은 죽음이 두렵지 않을 듯하다. 그래서였는지, 중국의 춘추전국 시대 사상가 장자는 아내가 죽었는데 두 다리를 뻗고 앉아 질그릇을 두들기며 노래를 불렀다고 한다.

몸인가 마음인가?

냉동된 인간은 죽은 것일까, 아직 살아 있는 것일까? 우리는 몸도 있고 마음도 있다. 몸과 마음을 가지고 있다는 것이 인간의 중요한 특징 가운데 하나이다. 인간의 모습을 하고 있다고 해도 그 몸만으로는 인간이라고 할 수 없다는 것이 우리의 생각이다. 그래서 SF 영화에 등장하는, 인간과 외적으로 구별이 불가능한 안드로이드를 우리는 인간이라고 생각하지 않는다. 그것은 단지 매우 진보된 로봇일 뿐이다.

불교에서도 일반적으로 인간이 몸과 마음을 모두 가지고 있음을 인정한다. 우리는 지각하고 활동하기 위해 몸을 필요로 한다. 그리고 우리는 생각하고 판단하고 분별하는 마음을 지니고 있다. 불교는 육경(六境)과 육근(六根)으로 우리의 인식체계를 설명하는데, 육경은 육근으로 인식할 수 있는 대상 경계를 이르는 말이고, 육근은 우리의 인식기관을 가리킨다. 육근은 눈, 귀, 코, 혀, 피부의 오관에 마음을 더한 것이다. 육경(六境)은 눈으로 보는 것인 색경(色境), 귀로 듣는 것인 성경(聲境), 코로 냄새를 맡는 것인 향경(香境), 입으로 맛을 아는 것인 미경(味境), 몸으로 느끼는 것인 촉경(觸境), 그리고 마음으로 아는 것인 법경(法境)이다. 불교에서는 또한 마음의 작용으로서 유식을 이야기한다. 다시 말해, 마음의 작용에는 안식, 이식, 비식, 설식, 신식의 전5식과 의식, 말라식, 아뢰야식이 있다. 전5식과 의식을 합해 6식이라고 한다. 그런데 이런 인식기관과 인식작용은 구분될 수는 있어도 분리될 수는 없다. 몸 없이 마음의 작용만 있을 수 없기 때문이다. 마음이라는 것은 서양철학에서 말하는 영혼처럼 실체로서 따로 존재하는 것이 아니다. 하지만 마음은 깨달음을 위해 매우 중요하다. 마음이 없다면, 붓다의 지혜를 들을 수도 없고 깨달을 수도 없을 것이기 때문이다.

냉동인간은 죽은 것일까? 일단, 냉동된 상태의 인간은 죽은 것으로 보는 것이 옳을 듯하다. 미래에 기술의 발전으로 해동될 수 있다고는 하지만 그것은 아직 벌어지지 않은 일이며 달성되지 않은 희망일 뿐이다. 죽음 뒤에서 우리는 몸도 마음도 모두 잃는다. 더 이상 살아 있을 때의 마음이 남아 있지 않을 것이다. 냉동된 인체에도 마음은 사라지고 없지 않을까? 혹시 미래에 진보된 기술 덕분에 냉동된 몸이 온전히 해동되거나 해동되어 복구될 수 있다면, 마음이 생겨날까? 아니면 껍데기인 몸만 존재하게 될까? 몸은 물론이고 마음까지

죽음에 관한 서양철학적 성찰들

서양철학에서 죽음의 개념은 다의적이다. 죽음이란 '삶이 점차적으로 소멸되는 전 과정'을 의미하기도 하고, '삶의 대단원(마지막)'을 의미하기도 한다. 또한 '삶이 종결된 상태'를 죽음이라고 한다. 죽음에 대한 서양철학자들의 태도는 크게 세 가지로 구분할 수 있다.

고대 그리스 철학자 소크라테스는 죽음에 대해 낙관적인 태도를 보였으며, 죽음에 직면했을 때 기쁜 마음으로 환대했다. 플라톤의 대화편 가운데 『파이돈』을 보면, 심미아스에게 소크라테스는 이렇게 말한다. "그러고 보니 심미아스, 제대로 지혜를 사랑하는(철학하는) 사람들은 실은 죽는 것을 연습하고 있거니와, 죽음이 모두 가운데서도 이들에게 가장 덜 무서운 것일세."

실존주의자들은 일반적으로 죽음을 두려움의 대상으로 본다. 그들은 죽음에 대한 두려움을 가장 강렬한 감정이라고 보는데, 쇼펜하우어는 죽음에 대한 두려움이 모든 두려움을 능가하며, 그래서 더없이 불행한 삶을 사는 사람조차도 죽음에 대한 두려움만은 마다한다고 말한다.

스토아 학파는 죽음에 대해 달관하는 태도를 보여준다. 에픽테토스나 세네카는 인간의 삶을 연극에 비유한다. 인생은 연극에서 한 역할을 부여받은 것이고, 그것이 어떤 것이든 사람은 자신에게 주어진 역할을 다하고 조용히 무대 뒤로 물러나는 것이 바람직하다. 또한 인생을 연회에도 비유했는데, 자연이 연회를 마련했으며 우리는 초대받은 손님들이다. 그러므로 적당한 때에 자리에서 일어나 주인에게 정중히 작별을 고하는 것이 현명한 사람이라고 한다.

살려낼 수 있다면 인류는 생명을 재탄생시키는, 상상하기 힘든 일을 달성한 셈이 될 것이다.

냉동인간은 삶에 대한 인간의 욕망과 집착이 얼마나 강렬한지를 보여주는 본보기이다. 이미 죽은 뒤이니 냉동인간이 된다고 해서 손해 볼 것은 없지만, 아직 기술적 가능성이 확인되지도 않은 방식에 큰 돈을 들여 희망을 거는 것을 보면 그렇지 않은가? 불교에서는 인생이 괴로움으로 가득 차 있다고 본다. 인간이 탐욕, 분노, 어리석음에 얽매어 있기 때문이다. 이 세 가지를 삼독(三毒)이라고 하는데, 모든 번뇌의 근원이다. 무언가를 끊임없이 탐내는 욕망인 탐욕은 그 대상이 무한하다. 이제 인간은 냉동인간을 통해 삶에 대한 탐욕을 확대하려 한다.

사람들은 대부분 자신이 얼마나 탐욕스러운지 깨닫지 못하는 어리석은 상태에 있으며, 살아 있는 동안에는 끊임없이 무언가를 욕망한다. 모든 불안이나 괴로움이 사라진 평화로운 상태에 들기 위해서는 탐욕, 분노, 어리석음으로부터 벗어나 번뇌가 소멸되어야 한다. 삼독(三毒)을 극복하여 모든 번뇌로부터 벗어난 상태를 열반이라고 하는데, 열반이 곧 불교에서 말하는 행복이다. 불교적 관점에서 행복은 끝없이 욕망을 채우고 무한히 삶을 연장하는 데 있지 않고, 욕망의 속박에서 벗어나고 연기의 사슬을 끊는 데 있다.

불로장생은 우리를 행복하게 만들까?

죽지 않고 오래도록 살면 행복할까? 냉동인간은 미래에 다시 깨어나서 행복할까? 지금까지 우리는 장수를 오복 가운데 하나로 생각했다. 오복은 예부터 우리나라 사람들이 가장 행복한 삶의 조건으로 꼽은 다섯 가지인데, 그 가운데서도 장수가 첫 번째로 거론된다. 명절에 나이 든 어른께 인사드릴 때 꼭 하는 말이 "건강하게 오래 오래 사세요."인 것을 보아도 알 수 있다. 오래 살 경우는 건강이 중요하다. 100살까지 살지만 수십 년째 시름시름 앓고 있다면 오래 사는 것의 의미가 덜해지기 때문에 건강이 중요하다. 그런데 건강하게 오래 살면 행복할까? 얼마나 오래 살 때 행복할까?

사회적 관점에서 보면 사람들이 오래 사는 것은 좋은 일만은 아니다. 현대 산업사회의 가장 큰 문제 가운데 하나가 인구의 고령화이다. 평균 수명이 급격하게 늘어나면서 노년층 인구가 빠른 속도로 증가하고, 전체 인구 가운데 노년층이 차지하는 비율이 크게 증가하고 있다. 인구의 고령화는 사회적, 경제적으로 심각한 문제들을 야기할 한다. 지금까지 인간 사회는 자연스러운 세대교체를 통해 유지되어 왔다. 하지만 평균 수명이 상승하고 건강한 노년이 좀더 일반적인 현상이 되면서 세대교체의 시기가 늦추어지고 있으며, 세대교체를 어렵게 만들고 있다. 사회 권력이 할아버지로부터 아버지, 또 아버지에서 자식으로 전승되지 않는 것이다. 만일 고령자가 계속해서 자신의 지위를 고수하거나, 심지어 자신의 지위를 더 상향 조정하려고 한다면 세대 간 전쟁이라는 당혹스러운 결과를 불러올 수도 있다. 평균수명이 100세에 달해, 사회 평균연령이 60세에 이른 사회에서는 충분히 상상해 볼 수 있는 일이다.

미래학자인 프랜시스 후쿠야마는 사회의 평균 연령이 60세가 넘는 사회, 즉 사회의 주류를 형성하는 세대가 60대 이상인 사회를 포스트섹스 사회(postsexual society)라고 불렀다.[20] 성이 범람하는 현대 사회에서는 상상하기 어려운 일 같지만 성이 더 이상 사회의 주요 논의거리가 아닌 사회를 말한다.

삶에 대한 지나친 집착이 만들어낸 모습인 냉동인간은 자기 자신의 행복에도 도움이 되지 않을 뿐만 아니라 타인에게도 해가 될 수 있다. 냉동인간이 깨어난 세상을 상상해 보라. 시간여행을 통해 내가 100년 후의 세상으로 자리를 옮긴다고 상상해 보라. 나는 그 세상에 잘 적응할 수 있을까? 시간여행을 통해 수백, 혹은 수천 명의 100년 전 사람들이 우리 세계에 편입되었다고 상상해 보자. 우리는 그들과 잘 어울려 살 수 있을까? 냉동인간 기술을 반대하는 사람들은 냉동인간 기술의 실현이 인간의 욕망에 대한 도덕적 제어 기제를 작동하지 않게 만들 수 있다고 말하며, 퇴폐와 향락의 문화가 번성할 가능성이 크다고 경고한다. 그리고 범죄의 처벌에 대한 생각도 바뀔 것이라고 한다. 처벌보다는 치료의 개념이 더 강조될 가능성이 있으며, 전통적인 도덕적 관념이나 책임에 대한 개념에 변화가 생길 가능성이 있다고 본다.

죽음에 대한 지나친 두려움과 장수 혹은 불멸에 대한 집착은 인격의 미성숙성에 대한 증표이다. 우리의 삶이 가치 있는 이유는 한계가 있기 때문이 아닐까? 시간적으로 제한되어 있기 때문에 우리는 삶을 더 충실하게, 더 아름답게 가꾸려고 애쓰는 것이 아닐까? 또한 삶이 영원하다면 사람들은 더 이상 도덕적으로 행동하려고 하지 않을지도 모른다. 끝없이 욕망을 추구하고 퇴폐와 향락의 문화가 번성할지 모른다.

고대 로마의 철학자 세네카는 인생을 연회에 비유하여 가장 적절한 때 정중하게 주인에게 작별을 고하고 물러나는 사람이 좋게 보이듯이 인생에 있어서도 죽음을 임의로 앞당기거나 늦추려고 애쓰지 말고 찾아오는 죽음을 자연스럽게 맞이하는 것이 삶의 올바른 태도라고 말한다. 적절한 때가 언제나 문제이기는 하지만 세네카의 말은 불멸을 추구하는 사람들에게 한 마디 교훈이 될 것으로 보인다.

4장
나노기술과 불멸에 대한 욕망

우리의 삶은 불확실성의 연속이다. 현대 사회가 더욱 복잡해지고 경쟁이 가속화되면서 불확실성은 더욱 커지고 있다. 하지만 그런 불확실성의 시대에도 우리에게 한 가지 확실한 것이 있다면 죽음이 우리를 찾아온다는 사실이다. 언제일지, 어디에서일지는 모르지만 죽음은 피할 수 없는 운명으로 우리에게 다가온다. 죽음의 확실성을 믿은 톨스토이는 겨우살이는 준비하면서 죽음을 준비하지 않는 인간의 어리석음을 지적했다. 하지만 인간은 죽음을 준비하기보다는 죽음을 피하고자 애를 썼다. 죽음의 두려움을 피하고자 종교에 의지했고, 문명을 발전시켰다.

영국의 대중철학자 스티븐 케이브는 『불멸에 관하여(Immortality)』라는 책에서 죽음에 대한 두려움이 문명을 발전시켰다고 주장한다. 케이브는 죽음을 넘어서려는 인간의 마음, 다시 말해 불멸에 대한 욕망이 종교, 철학, 도시, 예술을 탄생시켰다고 말한다. 그동안 인류가 이루어낸 문명의 진보에는 죽음에 대한 두려움과 그것을 극복하고 영생을 얻고자 하는 욕망이 바탕에 깔려 있었다. 케이브는 문명의 진보를 "영생을 향한 욕망의 산물"이라고 보았으며, 19세기 독일 철학자 헤겔의 말을 빌려 "역사는 인간이 죽음과 함께 이룩한 것이다."라고 말한다.

불멸에 대한 추구의 역사

인간이 불멸을 추구한 역사는 매우 깊다. 아마 인간이 자기 자신에 대해 의식하고, 인간의 유한성에 대해 한탄하기 시작했을 때, 아니 맞설 수 없는 자연의 무한한 위력과 맹수의 강한 힘 앞에 의지가 처음 좌절된 순간부터 인간은 무한한 힘과 불멸을 욕망하기 시작하지 않

"이집트인들은 미라에 영생을 향한 소망을 담았다.
부활의 신으로 불리는 오시리스는 죽은 뒤에 지하
세계에서 아누비스에 의해 방부처리 되어 미라가 된다.
그 덕분에 오시리스의 영혼은 죽지 않고 저승에서
부활하여 영생을 누리게 된다."

았을까? 그래서인지 신화와 종교 속의 신들의 가장 두드러진 특징은 불멸성이다. 그리스 신화의 신들은 인간과 달리 불멸한다. 그래서 머리를 쪼개도 죽지 않는다. 전쟁과 지혜의 여신 아테네는 제우스의 머리를 가르고 태어났다고 한다.

불멸에 대한 욕망을 보여주는 대표적인 이야기는 수메르인의 신화 속에서 발견된다. 수메르 신화의 최고 영웅 길가메시(Gilgamesh)는 영원한 생명을 찾아 죽음의 강을 건너 여행을 떠난다. 길가메시는 신들에 의해 창조되어 몸의 2/3가 신이고 1/3은 인간인 존재로 기원전 260년경에 우루크 왕국을 126년간 통치했다고 한다. 길가메시는 죽음의 강을 건너서 만난 우트나피시팀(Utnapishtim)으로부터 영원한 생명은 신들의 몫이며 인간에게는 죽음이 운명이라는 말을 듣는다. 인간은 죽음은 고사하고 잠도 이겨낼 수 없는 존재라고 우트나피시팀은 말해준다. 하지만 길가메시는 이에 굴복하지 않고 영생을 원한다.

길가메시는 우트나피시팀이 알려준 대로 바다 밑바닥까지 헤엄쳐 들어가 불사의 약초를 손에 넣는 데 성공한다. 하지만 그 기쁨은 잠시뿐이다. 길가메시가 목욕하는 사이에 뱀 한 마리가 물속에서 나와 불사의 약초를 먹어버린다. 약초를 먹은 뱀은 허물을 벗고 젊음을 되찾는다. 길가메시는 결국 영원한 생명을 얻는 데 실패하고 고향으로 돌아온다. 길가메시 신화는 인간에게 불멸의 영생은 도달할 수 없는 허황된 꿈에 불과하며, 죽음은 인간의 운명임을 말해주는 것 같다.

이집트 문명 하면 떠오르는 것이 미라이다. 오시리스(Osiris) 신화는 미라의 기원을 설명해준다. 오시리스는 태양신인 라(Ra)와 더불어 이집트를 대표하는 신으로 부활의 신이다. 오시리스는 질투심 많고 포악한 동생 세트에 의해 두 번의 죽임을 당한다. 첫 번째 죽었을 때, 사랑의 여신인 아내 이시스(Isis)가 나일강에서 구해내서 다시 생명을 불어넣어 살려낸다. 오시리스의 부활을 눈치 챈 세트는 오시리스가 잠든 사이에 다시 죽여 몸을 열네 도막으로 잘라서 방방곡곡으로 흩어버린다. 이시스는 다시 남편 오시리스의 시신 조각들을 찾아내서 마법으로 회복시킨다.

부활한 오시리스의 영혼은 이승에 머물지 않고 죽은 자들의 나라로 갔으며, 죽은 자의 영혼이 머무는 지하 세계에서 오시리스의 주검은 아누비스(Anubis)에 의해 방부처리 되어 미라가 된다. 최초의 미라이다. 그 덕분에 오시리스의 영혼은 죽지 않고 저승에서 부활하여 영생을 누리게 된다. 저승에서 부활한 오시리스는 저승의 왕들로부터 그들의 상징물들(도리깨와 끝이 굽은 지팡이)을 빼앗고 저승을 개혁한다. 이전까지는 오직 이승의 왕들만 지하 세계에서 부활하는 특권을 누렸지만, 오시리스는 모든 사람에게 저승을 개방하였다. 오시리스로 인해 모든 이집트인들은 죽은 후의 영생을 꿈꿀 수 있게 되었다.

상상과 현실 사이

불멸에 대한 인간의 욕망은 소설이나 영화로도 표현된다. 2005년 개봉된 영화 〈아일랜드〉는 인간 복제 기술을 이용해서 젊음과 건강을 유지하며 생명을 연장하는 기술을 소재로 하였다. 2015년에 개봉된 영화 〈셀프리스〉에서는 타인의 몸에 의식을 심는 기술이 등장한다. 몸을 바꿔 가면서 영생을 누리겠다는 생각인데 오히려 인간 복제가 더 그럴 듯해 보인다. 좀더 오래된 영화로 1994년에 개봉된 〈크로노스〉에서는 1536년에 한 연금술사가 만든 영생을 주는 기계장치가 등장한다. '크로노스'라고 불리는 이 장치를 사용하면 젊음을 유지할 수 있지만 대신 뱀파이어로 변해간다. 앞의 두 영화가 첨단 과학기술을 토대로 젊음과 건강의 영원한 삶을 이야기하고 있는 반면에, 마지막 영화는 인간으로서는 영원한 생명을 얻을 수 없다는 점을 다시금 강조하고 있다. 하지만 이보다 더 오래된 TV 드라마인 〈600만 불의 사나이〉(1974)나 〈소머즈〉(1976), 또는 영화 〈로보캅〉(1987)에서도 기술적 수단에 의한 불멸을 언급하고 있다. 인간의 몸을 기계와 결합시켜 이른바 사이보그가 되는 것이다.

최근에 등장한 과학기술 가운데 불멸성에 대한 추구와 가장 관련이 깊어 보이는 것이 나노기술(nanotechnology)이다. 물론 나노기술은 불멸에 대한 인간의 욕구에서 비롯된 것이 아니다. 하지만 나노기술에 대한 미래적 전망 속에 불멸을 가능하게 할 희망이 보인다는 것이다. 나노기술은 1~100나노미터의 극미세 단위의 물질을 다루는 기술이다. 20세기 최고의 기술 가운데 하나는 컴퓨터 기술이다. 오늘날 컴퓨터를 이루는 부품들은 마이크로 기술의 산물이다. 핵심 부품인 칩은 마이크로 수준에서 물질을 다루는 기술의 산물이고, 그래서 이름도 마이크로 칩이다. 나노기술은 이보다 1,000분의 1 규모에서 이루어진다. 이른바 분자 이하의 단위에서 물질을 다룬다.

물질에는 특성이 있다. 어떤 물질은 탄성이 뛰어나고, 어떤 물질은 표면이 매끄러워 마찰력이 적고, 어떤 물질은 전기를 통하고, 어떤 물질은 각도에 따라 색깔이 바뀐다. 물질의 이런 특성들은 우리가 직접 감각할 수 있는 것들이다. 인류는 물질의 이런 특성을 이용하며 필요한 물건을 만들고 문명의 발전에 활용하였다. 우리가 감각할 수 있는 수준, 즉 매크로 수준의 물질의 특성은 우리의 발견에 의존한다. 새로운 물질과 새로운 특성을 발견할 때마다 우리는 새로운 발명품을 추가해왔으며, 간혹 획기적인 발견으로 인해 문명의 발전을 이루어냈다.

하지만 인간의 상상력은 우리가 자연에서 발견할 수 있는 것들의 한계를 넘어서 있다. 인간의 무한한 상상력이 발동한 것이 연금술이었다. 그런데 연금술은 너무 사변적이었다. 과학적 토대 없이 문학적 상상력에 의존하였으므로 실패하고 말았다. 19-20세기의 재료과학은 유용한 물질들을 합성해냈다. 티타늄 등 다양한 합금과, 세라믹, 플라스틱, 반도체 등 오늘날 문명에 필수적인 신물질들을 만들어냈다. 그렇지만 연금술사의 상상력에는 미치지 못했다. 지금까지 재료과학은 매크로 수준에서 물질의 특성과 물질의 원자 및 분자 구조 사이의 관계를 연구하였기 때문이다.

나노기술의 등장과 성과들

이제 물질을 나노 수준에서 다룰 수 있게 됨으로써 재료과학은 나노기술로 거듭나고 있다. 물질은 나노 수준에서 우리가 경험을 통해 알고 있는 매크로 수준에서와는 다른 독특한 특성을 나타낸다. 분자 이하의 단위에서 물질들은 거대 분자 단위에서와는 판이한 기계적·광학적·자기적·전기적 특성들을 갖는다. 나노기술은 분자 이하 단위에서 물질을 다룸으로써 이런 특성들을 활용한다. 예컨대, 우리는 지금까지 알고 있는 어떤 물질보다도 강도가 높고, 탄성이 월등히 크고, 전기 전도성이 뛰어나고, 훨씬 더 가벼운 물질을 만들어낼 수 있다.

대표적인 나노구조물인 탄소나노튜브(carbon nanotube)는 인장력이 매우 뛰어나서 이것을 이용하면 지상과 우주정거장을 잇는 우주엘리베이터를 건설할 수 있을 것이라는 예상을 가능케 한다. 또 스마트 나노물질로 표면 처리되어 청소가 따로 필요 없는 마룻바닥이나 벽면도 상상해 볼 수 있다. 실제로 나노기술은 다양한 분야에서 응용되어 성과를 내고 있다.

에너지 분야에서 나노기술은 환경 개선에 도움을 주는 친환경적 응용이 가능하다. 나노기술은 태양열 전지 소자의 효율을 크게 높여 태양열로부터 에너지를 모으는 기술의 향상에 크게 기여할 것이다. 앞으로 환경오염으로 인해 식수 문제가 더욱 심각해질 것으로 예상되는 가운데 나노기술은 식수 문제의 효율적인 해결 방안이 될 것으로 기대를 모으고 있다. 나노기술을 이용하면 오염된 물을 더 적은 비용으로 신속하게 정화하는 방법을 찾아낼 수 있을 것이기 때문이다. 이미 연구자들은 나노물질을 이용해 기름 흡수율이 20배 더 높은 '종이 타월(paper towel)'을 개발하였다.

의료 분야는 나노기술의 성과가 가장 클 것으로 기대되는 영역이다. 이른바 나노의학은 의료 분야의 혁신을 불러올 것이며, 장기적으로 혁명적인 성과를 낼 잠재력이 있다. 약이 필요한 곳에만 약물을 전달할 수 있게 약물전달 체계를 혁신함으로써 약의 효과를 향상시킬 수 있으며, 질병에 대한 정밀 진단을 가능하게 함으로써 질병의 경보 체계를 개선할 수 있다. 예컨대, 금 나노입자를 활용하면 초기의 알츠하이머병을 진단할 수 있다. 나노기술의 열렬한 옹호자들은 질병 치료의 방식에서 전례 없는 혁명적인 변화를 약속하기까지 한다.

나노기술은 군사 분야에서도 혁신을 불러올 것이다. 나노기술 덕분에 앞으로는 훨씬 가벼우면서도 보호 기능도 월등히 뛰어나며, 심지어 응급조치 기능까지 갖춘 신소재 군복이 등장할 것이다. MIT의 이언 헌터 교수는 나노기술을 이용해 인공근육을 개발하고 있는데, 이것은 군인들의 근력을 비약적으로 향상시켜줄 것이다. 나노코팅은 내구성을 향상시켜 유지보수 비용을 크게 감소시킨다.

그 밖에도 나노기술은 정보기술, 생명공학 등 다양한 분야에서 활용되고 있으며, 앞으로의 활용 가능성은 무궁무진하다. 나노기술은 첨단과학 분야들에 접목되어 기술과 산업 혁신을 주도할 것이다.

나노기술과 불멸에 대한 추구

나노의학의 마지막 단계는 분자 수준에서 세포를 치료하는 나노봇이다. 예전에 리처드 파인먼(Richard Feynman)이 자신의 연설에서 '기계 외과의사'처럼 작동하는 '미세 기계'를 언급함으로써 나노봇의 개념을 제시하였다. 마빈 민스키(Marvin Minsky)는 '모세관을 따라 이동해서 살아 있는 세포로 들어가 치료하는 극소 기기'를 드렉슬러의 접근법에서 확인할 수 있다고 말한다. 만일 드렉슬러의 기대대로 된다면, '질병을 치유하고, 노화를 되돌리고, 우리 신체를 과거보

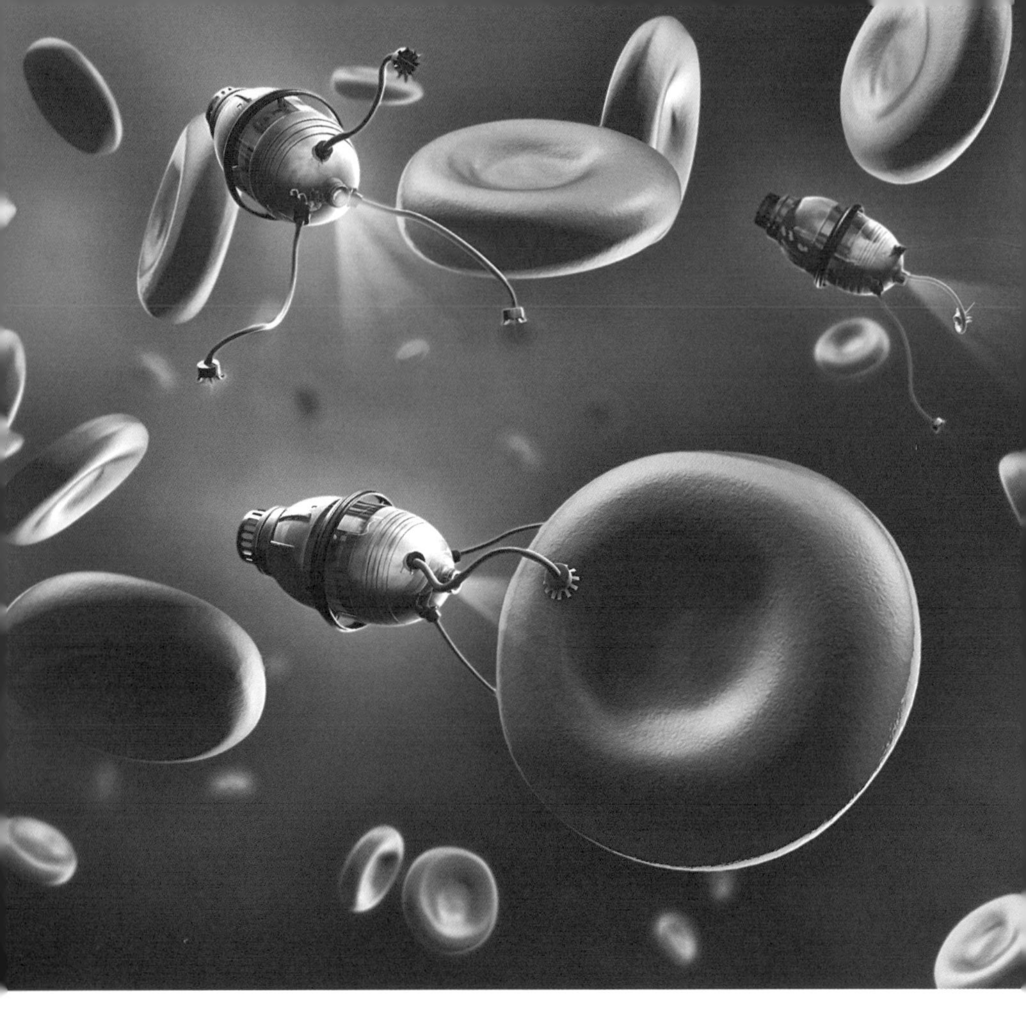

"나노의학의 마지막 단계는 분자 수준에서 세포를 치료하는 나노봇이다. 드렉슬러의 상상처럼 모세혈관을 따라 이동해 살아 있는 세포로 들어가 치료하는 나노봇이 등장한다면, 질병을 치유하고, 노화를 되돌리고, 우리 신체를 과거보다 더 빠르고 강하게 만들 수 있을 것이다."

다 더 빠르고 강하게' 만들 수 있을 것이다.

『나노의학』의 저자인 로버트 프레이타스(Robert Freitas)는 적혈구보다 훨씬 효율적으로 산소를 공급할 수 있는 인공 적혈구, 인체에 침입한 병원체를 우리 몸의 면역체계보다 더 잘 발견하고 파괴하는 인공 대식세포, 신체 안에서 수술을 하는 수술용 나노봇, 필요한 세포에 정확하게 약물을 전달하는 인공 제약세포 등에 대해 언급하면서 나노의학의 무한한 가능성을 이야기하고 있다. 프레이타스는 "미래의 나노봇은 인간 손으로 직접 하는 것보다 훨씬 더 정확하고 정밀하게 세포 내 수술을 할 수 있을 것이다. 생체와 공존하는 수술 나노봇이 개별 암세포를 발견해서 제거하고, 미세혈관 폐색을 제거해서 혈관 내피세포를 재건하고, '비침습적' 조직과 기관을 이식하고, 손상된 세포 내외부 구조를 분자 수준에서 회복하고, 살아 있는 인간세포 내부의 낡은 염색체 전체를 새것으로 교환하는 일을 상상할 수 있다."라고 예측한다.

이런 전망에 대해 공상과학에 나올 법한 얘기 정도로 치부하는 사람들도 있지만 실제로 연구가 진행되고 있다. 미국 항공우주국(NASA)이 질병을 탐지하고 진단하고 치료할 수 있는 나노봇을 개발하고 있다는 소식을 한참 전에 들었다. 만약 성공한다면, 우리는 우리 몸 안을 돌아다니면서 초기 단계의 질병을 발견할 수 있는 현미경 수준의 수많은 기기와 미세로봇을 삼키게 될 것이다.

프레이타스는 놀랍도록 세밀하게 나노봇을 묘사하고 있다. 나노봇에는 인체 구석구석을 누비고 다닐 수 있게 하는 동력원과 방향 조정이 가능한 회전날개, 면역거부반응을 막을 수 있는 생체와 일치하는 막, 약물을 전달하는 주입기, 무선통신을 위한 안테나, 분자 분류기, 약물이나 호르몬 등을 저장하는 공간, 폐기물 처리 시스템 등이 갖추어져 있어야 한다.

프레이타스의 예상대로 세포를 수복하는 나노봇이 등장한다면 인류는 불멸을 얻게 될 것이다. 나노봇 덕분에 우리가 막아낼 수 없는 질병이 없게 되며, 웬만한 신체적 손상은 손쉽게 회복될 것이다. 세포를 언제나 최상의 상태로 유지함으로써 끝없이 젊음과 건강을 유지할 수 있을지 모른다. 그야말로 나노의학을 통해 불멸의 유토피아가 건설될 수 있을지 모른다.

불교적 관점에서 본 불멸성

불교에서는 인간을 관계론적인 존재로 파악한다. 인간은 과거(전생)와 현재(현생), 그리고 미래(내생)가 함께 작용하는 연속적 관계 속에 존재한다. 인간을 포함한 모든 존재는 자신이 지은 죄에 따라 육도를 윤회하며 해탈에 이를 때까지 생과 사를 반복한다. 윤회가 무한히 반복된다. 생명 있는 모든 존재는 지옥(地獄), 아귀(餓鬼), 축생(畜生), 수라(修羅), 인간(人間), 천상(天上)의 여섯 세계를 아주 먼 옛날부터 무한한 미래까지 영원히 윤회전생(輪廻轉生)한다.

무한히 지속되는 윤회를 끊는 길은 열반에 이르는 것뿐이다. 열반은 모든 번뇌를 떨쳐버리고 깨달음의 지혜인 보리를 완성한 경지를 뜻한다. 열반에 이르면 고통의 연속인 삶의 영속성에서 벗어나고 윤회의 사슬을 극복하게 된다. 육체에 깃든 생명의 본질적 특성은 영속성과 개체성에 대한 욕망 때문에 고통받는 것이다. 열반은 개체적 동일성이나 욕구를 떨쳐버림으로써 얻을 수 있는 상태이다. 그러므로 열반의 상태에서는 더 이상 자아나 개체가 존재하지 않으며 주관적인 경험이 남아 있지 않다. 이상적인 종국적 상태인 열반은 자아의 완전한 소멸을 의미한다.

나노기술을 이용하며 불멸을 추구하는 태도를 불교적 관점에서는 어떻게 볼 수 있을까? 먼저, 죽음에 대한 이해에 차이가 있다. 서양의 근대적 사고는 죽음을 두려움의 대상으로 이해하는데, 그런 사고의 바탕에는 삶의 일회성에 대한 기독교적 가정이 깔려 있다. 불교적 사고는 죽음을 일회적 모순으로 파악하지 않으며, 끊임없이 이어지는 생사윤회의 한 고리로 이해한다. 그렇기 때문에 죽음은 두려워할 것이 아니다. 완전한 소멸로서의 죽음이란 존재하지 않기 때문이다. 사람들은 인간의 무상성을 자각하지 못하기 때문에 죽음을 두려워하는 것이다. 세상에는 한 상태로 머물러 있는 것이 없으며, 어느 것도 고정되어 있지 않다. 생과 사 또한 이와 마찬가지이다. 모든 존재는 생과 사를 거듭한다. 끊임없이 변화하고, 나고 죽는 것이 살아 있는 모든 것들의 본성이다. 그래서 생과 사가 특별한 의미를 지니지 않는다. 이러한 무상성을 이해한다면 죽음은 두려워할 것이 아니다. 죽음에 대한 두려움이 없다면 불멸에 대한 욕망도 사라질 것이다.

무상한 인생에서 한 상태를 붙잡으려는 시도는 정당하지 않다. 모든 존재는 그 업에 따라 윤회하는 것인데, 기술적 수단을 강구하여 현재의 상태, 혹은 가장 선호하는 상태를 유지하고 고정시키려는 것은 옳지 않다. 우주의 이법에서 벗어나는 일이기 때문이다. 각자가 지은 업에 따라 윤회전생 하는 이치를 거부하고 상벌이 주어지지 않도록 막아서는 안 된다. 무한한 시간 속에서 보면 찰나에 불과한 한 순간의 상태나 형태를 붙잡으려는 시도는 결국 허무한 일이 되고 말 것이다. 순간에 집착하는 행동은 지혜롭지 않다.

불교적 관점에서 보면, 궁극적으로 가치 있는 것은 윤회의 사슬을 끊어 번뇌와 고통으로부터 벗어나는 해탈에 있다. 끝없이 변화하고 생멸하는 생의 연속성에서 해방되고, 육신의 고통에서 벗어나고, 욕망을 완전히 떨쳐버리는 것이 가치 있는 것이지 육신을 유지하고 존속시키는 것이 가장 가치 있는 것이 아니다.

육도(六道)

육도는 중생이 저지르는 행위에 따라 머물게 되는 여섯 세계이다. 깨달음을 얻어 해탈에 이르기 전까지 모든 중생은 여섯 세계를 윤회전생 한다고 한다.

- 지옥도: 중생이 저지른 죄업 때문에 가게 되는 세계. 살생, 절도, 음행 등을 한 벌로 가는 세계. 뜨거운 불길로 벌을 주는 8열 지옥과 혹독한 추위로 벌을 주는 8한 지옥으로 대별된다.
- 아귀도: 계율을 어기는 악업으로 인해 가게 되는 세계. 재물에 인색하거나 음식에 욕심이 많거나 남을 시기하고 질투하는 자가 죽어서 가게 된다. 늘 굶주림과 목마름의 고통을 겪는다.
- 축생도: 온갖 동물들의 세계. 축생은 남이 길러주는 생류(生類)라는 뜻이며, 고통이 많고 즐거움이 적고 성질이 무지하여 식욕과 음욕만이 강하고 서로 잡아먹고 싸우는 짐승들로 종류가 매우 많다. 악업을 짓고 매우 어리석은 이는 죽어서 축생도에 태어난다고 한다.
- 아수라도: 늘 싸움만 일삼는 무리들의 세계로 수미산 옆의 바다 밑에 있다고 한다.
- 인도: 인간들의 세계. 수미산 남쪽에 있는 섬부주, 동쪽에 있는 비제하주, 서쪽에 있는 구타니주, 북쪽에 있는 구로주의 네 대륙을 말한다.
- 천도: 천상의 신들의 세계로 수미산 중턱에 있는 사왕천에서 무색계의 비상비비상처천까지이다.[21]

5장
청색기술과 불교적 자연관

남아프리카에 위치한 짐바브웨공화국이라는 나라의 수도 하라레에는 냉난방 시설이 없는데도 실내 환경이 쾌적한 상태를 유지하는 건물이 있다. 10층짜리 벽돌 건물인 이스트게이트 쇼핑센터는 낮에는 섭씨 33도의 높은 온도, 밤에는 섭씨 5도의 낮은 온도로 전형적인 사막의 기온을 보이는 하라레 지역에 자리하고 있지만 늘 섭씨 21도에서 25도 사이에서 안정적인 실내 온도를 유지하고 있다. 그런데 이 건물에는 냉난방 시설이 전혀 없다. 어떻게 그럴 수 있을까? 이 건물을 설계한 믹 피어스(Mick Pearse)는 짐바브웨공화국 태생으로 나미비아 대초원에 서식하는 흰개미 군체의 둔덕에서 영감을 얻었다고 한다.

자연을 모방하다!

나미비아 대초원의 흰개미들은 독특한 건물을 짓는다. 개미집이라고는 상상할 수 없을 만큼 커다란 원뿔 모양의 둥지를 지상에 건설한다. 흰개미들은 진균들을 주식으로 하는데 이 건축물은 진균들을 효과적으로 수확할 수 있게 서식지 내의 공기와 습도를 일정하게 조절할 수 있도록 고안된 것이라고 한다. 흰개미 집은 온도와 습도, 기압이 완벽하게 조절되는 건축물이다. 흰개미의 건축술은 세계 어느 곳에서든 어떤 기후에서든, 그들의 주요 단백질 공급원인 균사체 재배에 알맞은 서식지를 건설할 수 있게 한다.

스웨덴의 건축가 안데르스 나이퀴스트(Anders Nyquist)는 건물 표면의 색깔만으로 단열효과를 내는 건축물을 지었다. 아프리카 초원에 서식하는 얼룩말을 흉내낸 것이다. 얼룩말은 색깔을 이용해 피부 표면 온도를 조절한다. 얼룩말의 털과 피부에는 흰색과 검은색이 번

갈아가며 있는 줄무늬가 새겨져 있는데, 그로 인해 피부의 표면 온도를 낮추는 효과가 발생한다. 흰색은 태양 빛을 반사하여 열기를 감소시키고, 검은색은 태양 빛을 흡수하여 표면 온도를 높이기 때문에 흰 줄무늬 표면 바로 위의 공기는 검은 줄 무늬 표면 바로 위의 공기보다 온도가 낮다. 검은 줄 무늬 표면 위의 더운 공기는 위로 상승하면서 아래쪽에 있는 흰 줄 무늬 표면 위의 공기와 기압 차이를 만들고, 이렇게 하여 아주 작은 규모의 공기 흐름이 형성된다. 쉽게 얘기하면, 얼룩말의 피부 표면에서는 늘 솔바람이 불고 있는 셈이다. 그 결과 얼룩말 피부의 표면 온도가 8도까지 떨어진다고 한다. 나이퀴스트는 바로 이 원리를 이용하여 건물의 단열 효과를 얻었다. 나이퀴스트가 일본에 지은 한 건물은 기계적인 통풍장치 없이도 여름철 실내 온도를 5도 정도 떨어뜨릴 수 있었다고 한다.

자연은 길고 긴 시간의 진화를 과정을 거치면서 인간이 상상하지 못하는 놀라운 능력들을 길러 왔다. 피어스와 나이퀴스트의 건축물처럼 자연이 지니고 있는 비상한 능력을 모방하여 인간이 직면한 문제의 해결책을 강구하고 인간에게 필요한 것을 만들어내는 기술을 생물모방학이라고 한다. 또 이것을 우리나라에서는 최근 청색기술이라는 이름으로 부르기도 한다. 인간이 고안한 대부분의 기술은 애초에 자연을 모방하고 생물을 모방한 것이다. 하지만 과거의 기술은 그 형태나 외양을 모방한 것에 그쳤다면 생물모방은

"나미비아 대초원의 흰개미들은 독특한 건물을
짓는다. 개미집이라고는 상상할 수 없을 만큼
커다란 원뿔 모양의 둥지를 지상에 건설한다.
흰개미 집은 온도와 습도, 기압이 완벽하게
조절되는 건축물이다."

자연의 방식, 자연에 담긴 기능적인 특징을 그대로 모방한다는 점에서 차이가 있다.

최근 생물모방은 다양한 분야에서 이루어지고 있는데 한두 가지 사례를 더 들어보자. 독일의 식물학자 빌헬름 바르틀로트(Wilhelm Bartlott)가 개발한 로터산이라는 이름의 페인트는 자기정화 기능을 지니고 있다. 다시 말해, 이 페인트를 바른 표면에는 먼지가 끼지 않는다. 단순히 물을 뿌리는 것만으로 먼지가 완전히 제거된다. 로터산의 놀라운 특성은 이른바 연잎효과(lotus effect)를 이용한 결과이다. 연이라는 식물은 흙탕물 속에서 살지만 잎사귀는 항상 깨끗하다. 연잎의 특수한 구조가 늘 깨끗한 상태를 유지하는 자기정화 기능을 갖게 하기 때문이다. 연잎 표면에는 작은 미세돌기가 많이 형성되어 있어 초소수성을 띤다. 초소수성 표면은 친수성 표면과 반대로 물방울이 표면과 이루는 접촉각이 매우 커 150도에까지 이른다. 다시 말해 물과 표면의 접촉 면적이 극적으로 작아 물방울이 거의 구형에 가까워진다. 만일 초소수성 표면에 먼지가 내려앉는다고 해도 마찬가지로 접촉점이 거의 없게 된다. 그래서 빗방울이 떨어지면 먼지는 연잎 표면보다는 물방울에 훨씬 더 접착하게 되고 연잎 표면을 구르는 물방울과 함께 씻겨 내려간다. 초소수성 표면은 이런 식으로 자기정화 현상, 즉 연잎효과를 발휘하게 된다. 연잎효과는 여러 곳에서 응용되는데, 섬유에 적용되면 물에 젖지 않고 먼지나 티끌이 묻으면 물로 간단히 씻어낼 수 있는 옷을 만들 수 있다.

연잎 이외에도 나방의 눈, 상어 피부, 파충류 다리에 대한 생물의 표면 구조 연구는 효과적인 접착성 시스템에서부터 마찰감소 물질까지 광범위한 분야에서 중요한 영감을 주었다. 이런 표면들을 개발한다면 다양한 기능적 물질들을 만들 수 있을 것이다. 또한 씨앗의 동물의 털에 달라붙는 특징을 모방한 벨크로 밴드는 의복을 고정하는 띠나 케이블을 고정하는 띠로 많은 곳에서 응용되고 있다.[22]

근대 기술의 잘못된 방향

오늘날 우리는 발달된 기술 덕에 매우 편리한 문명생활을 하고 있다. 하지만 그 이면에 심각한 위험을 안고 살고 있다. 우리 인간이 편리한 만큼 자연은 신음하고 있으며, 우리의 편리함도 어느 정도의 직접적인 부작용과 상당한 잠재적 위험을 대가로 지불하고 있다. 현대 문명은 베이컨의 이상을 이어받은 것이다. 베이컨의 후예들은 자연에 대해 맹렬하게 탐구하고, 그렇게 알아낸 지식을 응용하여 물질적 풍요를 증대시켜왔다. 우리가 누리는 전례 없는 물질적 풍요는 자연을 탐구해 얻은 지식과 기술을 이용해 자연을 관리하고 통제한 덕분이다. 이런 방식은 엄청난 성과가 있었다. 인간들은 자연뿐만 아니라 인간 사회까지도 철저히 관리함으로써 효율의 극대화를 노릴 수 있다고 믿었다. 하지만 오늘날 기술 문명은 환경위기, 자원위기, 인간성의 위기라는 심각한 문제들에 봉착하게 되었다.[23] 물론 현대 기술 문명의 토대가 되었던 기술들도 이 문제들을 해결할 수 있는 효과적인 해결책을 제시하지 못한다.

생물모방의 사례들은 우리가 그동안 믿고 신뢰해왔던 지식과 기술이 얼마나 불완전하고 취약한 기반을 가진 것인지 느낄 수 있게 해준다. 자연을 정복하고 지배하고 관리한다는 믿음은 지나친 자만이었다. 그동안 우리는 인간이 자연에 대한 참된 지식을 소유하고 있고, 지식과 기술을 통해 자연을 관리하고 통제할 수 있다고 확신했지만 오늘날 벌어지고 있는 상황을 보면, 그것은 우리의 착각이었다. 현대 문명은 풍요를 산출하는 삶이 아니라 경이로울 정도로 쓰레기를 양산하는 삶을 제공한다. 미국의 예를 들면, 수거된 쓰레기를 매립지로 운송하는 데만 연간 500만 달러, 쓰레기를 수거, 운반, 분류, 처리하는 데 모두 연간 1조 달러가 소요된다고 한다.[24] 지구상에서 가장 풍요로운 나라는 지구상에서 가장 많은 쓰레기를 생산하는 나라인 셈이다.

우리나라의 경우에 2013년 기준으로 음식물 쓰레기 발생량이 500만 톤에 달하고, 처리 비용이 약 9,000억 원 정도라고 한다. 생활 쓰레기 전체로 보면, 2014년 기준으로 연간 1,800만 톤이 발생한다. 그리고 이런 쓰레기의 발생량은 줄어 들기는커녕 점점 늘어나는 추세이다.

왜 이런 이렇게 되었을까? 그동안 우리는 성장과 소비, 그리고 폐기의 끝없는 순환을 촉진해왔다. 파울리는 이것을 "갚지도 못할 빚을 계속해서 쌓아가는, 이 사회의 물질적 부를 향한 끊임없는 탐욕에 부응하기 위한 경제 모델"[25)] 탓이라고 한다.

자연에서 지혜를 얻는다

우리는 자연모방에서 지금까지 우리 문명의 기술의 방향이 잘못되었음을 알아채고 올바른 방향의 단서를 포착할 수 있다. 인간이나 자연 속의 다른 생물들이나 모두 한결같이 제한된 서식지에서 식량, 물, 공간, 쉼터를 얻어야 한다는 공통의 문제에 직면해 있다. 그런데 이 문제를 누가 더 슬기롭게 해결하며 살아갈까? 인간은 자신의 영리함만 믿고 그러한 문제들을 풀려고 해왔다. 하지만 근대 과학기술을 토대로 한 해결 방법은 심각한 문제를 만들어냈다.

하지만 자연은 조용히 그 문제를 해결하고 있다. 자연에는 수십억 년 동안 갈고 다듬어진 전략들이 감추어져 있다. 자연모방학의 선구자격인 재닌 베니어스는 "자연을 깊이 응시해보면 숨이 멈출

"지구상에서 가장 풍요로운 나라인 미국은 지구상에서
가장 많은 쓰레기를 생산한다. 왜 이런 이렇게 되었을까?
그동안 우리는 성장과 소비, 그리고 폐기의 끝없는
순환을 촉진해왔다. 이것은 파울리의 말대로
'갚지도 못할 빚을 계속해서 쌓아가는,
이 사회의 물질적 부를 향한 끊임없는 탐욕에
부응하기 위한 경제 모델'이다."

만큼 놀라게 되며, 좋은 의미에서 우리의 교만이 완전히 깨져버릴 듯싶다. 인간이 만들어낸 모든 발명품은, 훨씬 더 정교하고 지구에 무리를 덜 가하는 형태로 자연에 이미 존재해왔다는 것을 알게 된다."[26]고 말한다.

그동안 인간은 아주 조금 아는 것으로 모든 것을 아는 것인 양 우쭐댔다. 하지만 자연을 들여다보면 우리 자신이 부끄러워질 것이다. 베니어스의 말대로, "변변치 않은 생물들도 우리는 꿈으로나 꿀 수 있는 재주를 거침없이 부리고 있다."[27] 예컨대, 바다의 발광성 조류는 등물처럼 빛을 내고, 북극의 어류나 개구리는 꽁꽁 얼었다 녹아도 살아난다. 카멜레온과 오징어는 피부 패턴을 순식간에 바꿀 수 있으며, 꿀벌이나 거북, 철새들은 지도 없이도 항해한다. 생물모방학의 성과를 들여다보면 그동안 인간이 자랑했던 지식이 얼마나 단편적인 것이고 인간의 기술이 얼마나 불완전한 것인지 깨닫게 된다.[28]

근대 과학혁명을 통해 우리는 지식의 도약과 문명의 발전을 이루었다. 하지만 지금까지 인간의 기술은 커다란 대가를 요구하는 것이었다. 자연은 인간처럼 막대한 대가를 요구하는 기술을 고안하지 않는다. 자연은 주어진 것만으로 최선의 생존 기술을 터득했다. 그래서 우리가 자랑 삼은 근대 기술은 자연의 기술에 비하면 보잘것없다. 예컨대, 인간의 비행술은 동물의 비행술에 비견되지 않는다. 비행기나 헬리콥터는 한번 비행하기 위해 막대한 양의 연료를 필요로 하지만, 벌새나 제왕나비는 아주 적은 에너지만을 소모하여 굉장히 먼 거리를 날아간다. 공중에서 자유자재로 방향을 바꾸며 날아다니는 잠자리의 비행능력은 최고의 헬리콥터도 흉내 낼 수 없다. 갈매기는 공중에 던진 먹이가 땅에 떨어지기 전에 낚아채는 놀라운 조정 능력을 보인다. 박쥐의 음파탐지기관보다 뛰어난 음파탐지기는 존재하지 않는다. 나미브사막풍뎅이는 비 한 방울 내리지 않는 뜨거운 사막에서 물을 만들어내는 기술을 고안하였다.[29]

불교적 자연 이해

생물모방의 여러 사례들에서 보듯이, 지금까지 우리는 자연의 기술을 제대로 이해하지 못했던 것 같다. 우리는 생물의 특정 기능이나 형태를 모방하는 데 급급하였고, 정말 모방해야 할 것을 모방하지 않았다. 바로 자연이 그런 기능을 실현해내는 방식이며, 생물이 자연의 물리 법칙과 에너지 순환 법칙에 순응하며 자신의 물리적 한계를 극복하는 방식이다. 우리 인간과 달리 생물은 제한된 자원과 에너지만을 활용하여 자신의 필요를 충족시키는 방식에 충실해왔다.

반대로 인간은 물리 법칙과 에너지 순환의 법칙을 거스를 수 있는

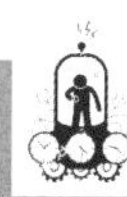

청색기술

청색기술은 생물체로부터 영감을 얻어 문제를 해결하려는 생물영감(bioinspiration)과 생명체를 본뜨는 기술인 생물모방(biomimicry)을 합해서 부르는 용어로서 지식융합연구소 이인식 소장이 제안한 것이다.

2008년 10월 스페인에서 개최된 세계자연보전연맹 회의에서 "자연의 100대 혁신기술(Nature's 100 Best)"이라는 제목의 보고서가 발표되었다. 이 보고서에는 생물로부터 영감을 얻거나 생물을 모방한 기술들 가운데 가장 주목할 만한 100가지 혁신 기술이 수록되었는데, 이 보고서를 작성한 사람이 『생체모방(Biomimicry)』의 저자 재닌 베니어스와 『블루 이코노미(Blue Economy, 청색경제)』의 저자 군터 파울리였다.

특히, 파울리의 『블루 이코노미』는 자연의 100대 혁신기술을 경제적 측면에서 조망하여 세간의 주목을 받았다. 이인식 소장은 이런 맥락을 고려하여, 녹색경제와 녹색기술을 대체할 수 있는 새로운 혁신으로 청색경제와 '청색기술'을 제안하였다. 그는 "청색기술은 청색 행성 지구의 환경 문제 해결에 결정적인 기여를 할 뿐만 아니라 인류 사회의 지속 가능한 발전을 담보하는 혁신적인 접근 방법임이 틀림없다. 그래서 청색기술은 21세기의 희망이다."[30]라고 주장한다.

힘을 키우는 데 집중하였다. 자연의 지혜를 힘으로 이해했기 때문이다. 인간은 제한된 자원과 에너지로 필요를 충족시키는 방법을 찾는 대신 확보할 수 있는 자원과 에너지를 늘리는 방식에 집중해왔다. 인간은 자연과 조화를 이루지 못했고, 스스로를 자연과 경쟁 관계에 놓고 자연을 극복하고 지배하려고 하였다. 그 결과 인간은 자연을 질식시키고 있으며, 급기야 자기 자신의 삶마저 위협하고 있다.

근대 기술의 이러한 한계는 불교적 관점에서도 포착된다. 불교는 삼라만상을 시간적이고 공간적인 연기의 그물 속에서 서로 의지하고, 서로 관계 맺으며 존재하는 것으로 이해한다. 우주의 모든 존재들은 연생과 연멸의 관계 속에서 끊임없이 순환하는 것이며, 자연과 인간 역시 이러한 관계 속에 있다. 근대 기술을 낳은 전형적인 서구적 사고에서 자연과 인간은 서로 분리되어 있으며 대립되는 것으로 이해된다. 하지만 불교에서 자연은 법성을 본성의 원리로 하고 법계를 전체의 범위로 하며, 우주의 모든 존재자가 서로 의지하고 연기에 의해 생성되는 한 생명의 큰 바다를 이루고 있는 것으로 본다.

자연과 인간을 분리되고 투쟁하는 것으로 이해한 근대 기술은 우리 문명의 지속가능성에 큰 위협이 되고 있다. 자연모방 기술을 통한 청색경제를 주창하고 있는 군터 파울리는 지속가능성을 '우리가 가진 것으로 모든 사람의 기본적 필요에 응답하는 능력'이라고 정의한다. 여기서 중요한 것은 '우리가 가진 것'이라는 말과 '모든 사람의 기본적 필요'라는 말이다. 서구적 방식으로는 생물모방이, 우리의 방식으로는 불교적인 자연 이해와 인간 이해가 인류 문명의 지속가능성과 관련하여 큰 가르침을 주는 듯하다.

3부
기술, 유토피아, 그리고 불교

1장
투명화 기술과 인간의 욕망

스칼렛 요한슨이 주연을 맡은 영화 〈언더 더 스킨〉(2014)은 식량이 떨어진 외계행성에서 지구로 온 외계인을 통해 인간의 욕망에 대해서 이야기한다. 인간 여성의 몸속에 들어가 로라라고 자신을 소개한 외계인은 남성의 욕망을 자극하여 유혹하고 죽인다. 인간들은 너무도 쉽게 로라의 유혹에 넘어간다. 로라 역시 욕망의 존재이다. 끊임없이 식욕을 채우지 않으면 안 되는 존재이다. 몸을 지닌 생물학적 존재인 우리 인간은 분명히 욕망하는 존재이다. 굶주림으로부터 벗어나기 위해 무언가를 먹으려 하고, 자손을 번식하고 자신의 유전자를 남기기 위해 성적인 짝을 찾으려 하고, 피로를 풀기 위해 잠을 자려고 하고, 자신의 안전을 유지하기 위해 머물 곳을 찾고 방어수단을 강구하려고 한다. 이런 욕구는 인간에게 기본적인 것이다. 오늘날 자본주의 시장은 인간이 욕망하는 존재라는 사실에 착안하여 마케팅과 광고에 욕망에 대한 심리학적 연구 결과를 활용한다. 인간의 욕망이 어떻게 자극되는지를 살피고, 영화 속에서 로라가 그랬듯이 상품이나 서비스를 구매하도록 소비자를 유인하는 효과적인 수단으로 욕망을 활용한다. 그래서 우리는 시장의 유혹을 뿌리치기 쉽지 않고, 소비를 자제하거나 중단하기 너무 어렵다. 아니, 쉽게 광고의 유혹에 넘어가고 즐거운 마음으로 지갑을 연다.

인간의 욕망이 얼마나 근본적인 것이며 누구도 쉽게 극복할 수 없는 것인지를 보여주는 이야기가 있다. 플라톤의 『국가』에서 소크라테스와 글라우콘의 논쟁에서 소개된 기게스의 반지 이야기이다. 기원전 소아시아에 있던 리디아라는 나라의 양치기였던 기게스는 어느 날 지진이 일어나고 나서 땅에 갈라진 틈에서 반지를 우연히 발견한다. 기게스는 갈라진 땅 사이로 무언가 보이는 것에 호기심이 발동해 안으로 들어갔다가 거인의 손가락에 끼워져 있던 금반지를 발견하고 가지고 나온다. 나중에 기게스는 그것이 투명인간을 만들어주는 반

"인간의 욕망이 얼마나 근본적이며 극복하기 어려운 것인지를 보여주는 것이 플라톤의 『국가』에 나오는 기게스의 반지 이야기이다. 기게스는 투명인간을 만들어주는 반지를 이용해 자신의 욕망을 마음껏 충족시켰다. SF 소설 『투명인간』 속의 그리핀과 영화 〈할로우 맨〉의 카인도 마찬가지였다."

지라는 것을 알아차리고, 반지를 이용해 자신의 욕망을 채워나간다. 플라톤은 기게스의 반지 이야기를 통해 책임을 피할 수 있을 때 보통 사람들이 어떻게 행동하는지를 보여주고, 그럼에도 불구하고 우리가 도덕적이어야 하는 이유를 설명하려고 했다.

기게스는 반지 덕분에 누구에게도 들키지 않고 무엇이든 할 수 있게 되었을 때 어떻게 행동하였는가? 자신의 욕망을 끝없이 추구하였다. 기게스의 반지의 SF 버전이라고 할 수 있는 것이 H. G. 웰즈의 소설 『투명인간』이다. 투명인간이 된 주인공 그리핀은 사악한 욕망을 실행에 옮겼다. 투명인간을 소재로 한 영화 〈할로우 맨〉에서도 투명인간이 된 주인공 카인은 음흉한 욕망을 드러내며 온갖 악행을 일삼는다. 더욱이 카인은 스스로 전능한 존재가 되어 버린 듯한 망상에 사로잡혀 위험한 존재로 변해버렸다. 위의 세 이야기는 모두 인간이 욕망의 지배로부터 얼마나 취약한지를 보여준다.

투명화 기술의 현주소

그런데 투명인간이 된다는 것, 우리의 몸을 타인으로부터 감춘다는 것이 단순히 상상만은 아닌 시대가 다가오고 있다. 최근 투명화 기술에 대한 연구가 활발하게 이루어지고 있으며, 이미 작은 성과들이 나타나기 시작했다. 물체를 눈에 보이지 않게 하는 기술, 이른바 투명화 기술은 크게 세 가지로 구분할 수 있다. 하나는 군사목적으로 이미 사용되고 있는 스텔스 기술이다. 또 하나는 위장술이다. 오시이 마모루 감독의 일본 애니메이션 〈공각기동대〉를 보면 투명망토처럼 자신을 감추는 기술이 등장한다. 애니메이션에 소개된 대로 이것은 광학미채라는 기술이다. 그리고 마지막으로 메타물질이다. 메타물질은 아직 자연에서 발견되지 않은 특성을 갖도록 설계된 인공물질이다. 메타물질은 모양, 기하학적 구조, 크기, 방향, 배열 등에 따라 그 특성이 결정된다. 어떤 메타물질은 전자기파나 소리에 물체가 관측되지 않게 하는 방식으로 간섭할 수 있고, 특정 파장에서 음의 굴절률을 갖기도 한다.

투명화 기술에 가장 먼저 관심을 보인 것은 역시 군사 분야이다. 전장에서 우리 편이 적군의 탐지장치나 눈에 보이지 않는다면, 압도적인 우위에 설 수 있을 것이기 때문이다. 또한 적에 대한 정보를 얻기 위해 위험을 무릅쓰고 적진 깊숙이 침투해야 하는 상황에서도 우리 편의 손실을 최소화할 수 있기 때문이다. 〈해리포터의 마법사〉 3편 "아즈카반의 죄수"에서 주인공이 투명망토를 사용하여 마법학교 곳곳을 돌아다니며 비밀의 단서를 찾아내듯이, 적진 깊숙이 들어가 언제든 마음대로 적군의 정보를 얻어 올 수 있다면 손자가 말한 지피지기면 백전백승의 교훈을 실현시킬 수 있을 것이다. 이런 종류로 잘 알려진 것이 스텔스 기술이다. 레이더망에 걸리지 않고 적진 깊숙이 침투할 수 있는 스텔스 비행기는 이미 오래전에 개발됐다. 레이더는 전자기파를 쏘아 물체에 부딪혀 돌아오는 전자기파를 확인하여 물체를 탐지하는데, 스텔스 비행기는 표면에 특별한 도료가 칠해져 있어 전자기파를 흡수하기 때문에 레이더에 포착되지 않는다. 스텔스 비행기는 1970년부터 군사용으로 개발되었으며, 1989년에 미국이 파나마 전장에서 처음 사용하였다.

스텔스 기술은 레이더로 탐지되는 전자기파를 피할 수 있지만 가시광선을 회피할 수는 없다. 그래서 레이더에 포착되지 않는 것이지 우리 눈에도 보이지 않는 것은 아니다. 커다란 물체를 우리 시야에서 사라지게 할 수 있는 기술은 오히려 광학미채 기술이다. 2004년 일본 도쿄대학 다치 스스무 교수 연구진이 처음으로 광학미채 기술을 선보였다. 광학미채란 광학적 원리를 응용해서 시각적으로 대상을 투명화하는 기술인데, 실제 세계와 3차원의 가상물체를 겹쳐 보이게 함으로써 물체를 배경 속으로 사라져 보이게 하는 기술이다. 일종의 증강현실이다. 〈공각기동대〉의 장면들에서처럼 주변의 배경 속으로 몸을 숨기는 일종의 은폐기술이다. 그런데 이 기술을 실현하는 데는 디지털 카메라, 슈퍼컴퓨터, 프로젝터 등 적지 않은 장비가 필요하다.

투명화 기술 가운데 현재 가장 주목받고 있는 것은 메타물질이다. 우리가 눈으로 물체를 보는 것은 빛(가시광선)이 물체에 닿아 반사되어 돌아와 망막에 상을 맺히기 때문인데, 메타물질을 이용하면 빛이 물체에 부딪혀 되돌아오지 않는다. 메타물질이 빛을 굴절시켜 물체 주위로 빙 돌아가게 하기 때문이다. 그래서 메타물질로 감싸고 있는 물체는 우리 눈에는 없는 것이다. 실제로 우리 눈에는 메타물질로 감싼 물체 뒤에 있는 물체가 눈에 들어오기 때문에 메타물질 안의 물체는 투명한 것이 된다. 이것이 메타물질을 이용한 투명망토의 원리이다.

현재까지 개발된 메타물질들은 대부분 극초단파(마이크로파)에 반응한다. 2006년에 미국 듀크대학 연구진이 학술지 『사이언스』에 발표한 메타물질은 극초단파로부터 물체를 숨길 수 있 다. 연구진은 실린더 모양의 너비 5cm, 높이 1cm의 구리관을 10장의 메타물질을 사용해 극초단파로부터 물체가 탐지되지 않게 숨겼다. 우리 눈이 포착할 수 있는 파장인 가시광선으로부터 물체를 숨기는 기술은 2009년 미국 라이스대학 연구진이 개발한 나노컵이 대표적이다. 메타물질인 나노컵은 안으로 들어온 빛을 모두 한 방향으로만 나가도록 함으로써 물체가 눈에 보이지 않게 하는 데 성공했다. 하지만 한계는 있었다. 대상이 시야에서 완전히 사라지지 않고 윤곽이 남았다.

2011년 미국의 버클리대학 연구진이 가시광선 영역의 파장에서 효과를 발휘하는 메타물질을 개발했다. 가시광선의 영역 전체를 포괄하지는 못해도 제한된 영역에서 물체가 사라져 보였다. 하지만

600나노미터 크기의 물체를 가릴 수 있는 투명망토를 제작하는 데만도 일주일이나 걸린다고 한다. 실제로 일상생활에서 사용되는 큰 물체를 숨길 수 있는 투명망토를 만드는 것은 이론적으로만 가능하고 현실적으로는 불가능하다는 말이다. 2015년 버클리대학 연구진이 개발한 초박막 투명피부 역시 미세 현미경으로 보아야 하는 크기의 아주 작은 물체를 사라지게 하는 수준이다.

투명화 기술의 다양한 용도

투명화 기술의 용도는 군사 분야 말고도 생각보다 훨씬 다양하다. 실생활에 응용되어 우리의 삶에 유용하게 사용될 수 있을 뿐만 아니라 재난으로부터 우리의 생명과 재산을 구하는 용도로도 활용될 수 있다.

예컨대, 수술실에서 이용되면 환자의 이익에 기여할 것이다. 수술할 때 집도하고 있는 의사나 보조하고 있는 의료진의 손과 의료장비가 환자의 환부를 가려서 수술 진행을 불편하게 하거나 실수를 유발할 때가 있다. 만일 수술하는 의사의 손이나 의료장비를 투명하게 한다면 환자의 환부를 더 정확하게 보면서 좀더 효과적으로 수술을 진행할 수 있을 것이다. 또한 비행기의 바닥을 투명하게 할 수 있다면 이착륙 시에 활주로의 상태를 직접 확인할 수 있어서 조종사가 더욱 안전하게 이착륙을 시도할 수 있을 것이다. 이것은 자동차의 경우도 비슷할 것이다. 자동차의 바닥을 투명하게 할 수 있다면 후진할 때 발생하는 사고를 좀더 줄일 수 있을 것이다.

물체를 투명하게 만드는, 정확히는 투명한 것처럼 보이게 하는 기술 자체의 활용뿐만 아니라 투명화 기술의 원리의 활용이 연구자들의 관심을 사고 있다. 투명화 기술의 원리는 생각보다 넓은 분야에서 다양하게 응용될 수 있다. 투명 망토는 시냇물이 바위를 만나면 돌아서 흘러가듯이 빛이나 전파가 물체를 만나 반사되지 않고 물체 주위로 돌아가게 하는 것이다. 이른바 음(−)의 굴절률을 가진 메타물질로 물체를 겹겹이 둘러싸서 빛이 돌아가게 만드는데 여러 과학자들이 계속 성공적인 결과를 보고하고 있다. 최근에는 전자기파가 아니라 지진파도 같은 방법으로 막을 수 있다는 연구결과가 발표되었다. 만일 그렇게 된다면 지진이 났을 때 건물을 보호하는 일이 가능하게 될 것이고 지진으로 인한 피해를 크게 줄일 수 있을 것이다. 프랑스의 프레넬연구소와 메나드연구소의 연구진들이 메타물질의 개념을 확장해 건물 주위의 지형을 변형해 지진파를 다른 방향으로 유도할 수 있는 방법을 고안했다.

지진파를 막을 수 있다면 파도도 막을 수 있지 않을까? 미국 버클리대학의 모하메드-레자 알램(Alam) 박사는 투명망토 원리를 변형하

“투명화 기술에 가장 큰 관심을 보인 것은 군사 분야이다. 전장에서 우리 편이 적군의 탐지장치나 눈에 보이지 않는다면, 압도적인 우위에 설 수 있기 때문이다. 또한 적에 대한 정보를 얻기 위해 위험을 무릅쓰고 적진 깊숙이 침투해야 할 때도 우리 편의 손실을 최소화할 수 있기 때문이다.”

여 파도를 막는 기술을 연구하고 있다. 바다 위에 떠서 작업하는 시추선은 늘 높은 파도의 위험과 마주쳐야 한다. 만일 파도가 밀려올 때 시추선이 잠시 사라지게 된다면 어떨까? 그리고 파도가 잠잠해진 뒤에 다시 나타난다면? 공상과학영화의 한 장면 같다. 알램 박사의 아이디어는 파도가 시추선을 못 보게 하는 것이다. 다시 말해 파도가 시추선에 부딪치지 않고 시추선을 피해 가도록 하는 것이다. 만일 이런 기술이 개발된다면, 시추선뿐만 아니라 여객선이나 화물선의 경우에도 폭풍우가 몰아칠 때 좀더 안전하게 귀환할 수 있지 않을까?

투명화 원리를 소리에도 적용할 수 있지 않을까? 층간 소음 때문에 아래윗집 사이에 갈등이 생기고, 심하게는 상해사건까지 발생하는 경우를 간혹 뉴스로 듣는다. 투명화기술을 이용하면 공동주택의 층간 소음 문제를 해결할 수 있을 것이라는 예상도 있다. 2016년 2월에 국내의 서강대학 연구팀이 음파탐지기에 감지되지 않는 물질을 개발했다고 한다.

욕망이란 무엇인가?

마법의 반지를 얻은 기게스나 투명인간이 된 그리핀과 카인은 몸속 깊은 곳에서 꿈틀거리는 욕망을 억제하지 못하고 악의 길로 들어

섰으며 사람까지 해쳤다. 이들이 자신에게 주어진 엄청난 힘, 다시 말하면 원하면 무엇이든 멋대로 할 수 있는 자유(exousia)를 얻고 나서 인간의 몸속에 본능처럼 감춰진 은밀한 욕망이 깨어났다. 이들에게 있어서 욕망을 잠재우고 있던 것은 처벌에 대한 두려움, 타인의 따가운 시선 같은 것이었을 것이다. 그러니까 처벌받을 가능성이 없어지고 타인의 시선이 사라지자 잠자던 욕망이 깨어난 것이 아닐까? 하지만 철학자들이 모두 이런 생각에 동의하지는 않는다. 대표적으로 칸트는 우리가 동물이 아니라 인간인 이유는 우리 몸속에서 꿈틀대는 불가피한 욕망을 제어할 수 있는 의지의 자유가 있기 때문이라고 주장하였다.

동서고금의 철학자들이 욕망을 이해하는 방식은 다양하지만 대표적으로 두 가지 방식이 있다. 플라톤을 비롯하여 많은 서양철학자들은 욕망을 결핍에 관련된 것으로 이해했다. 플라톤은 '자신에게 결여되어 있는 대상에 대한 사랑'을 욕망이라고 정의하였다. 이런 관점에서 욕망은 대상이든 사람이든, 아니면 사회적 지위와 같은 것이든 내 밖에 있는 무엇에 대한 추구이다. 이런 욕망은 궁극적으로 채워지지 않는다. 우리는 끊임없이 결핍에 마주할 수밖에 없기 때문이다. 중국의 순자도 욕망을 일종의 결핍으로 이해한 것으로 보인다. 순자는 "보기 흉하면 아름다워지기를 바라며… 가난하면 부유해지기를 바라며, 천하면 귀해지기를 바라는데, 진실로 자기에게 없는 것을 반드시 밖에서 구한다."고 했다. 욕망을 결핍으로 이해하는 대부분의 철학자는 욕망을 행복을 위해 극복해야 할 것으로 보았다.

철학자들은 욕망을 부정적인 것으로만 파악하지 않았다. 근대 영국의 철학자 토마스 홉스는 욕망을 모든 인간 행위의 근본적인 동인이라고 했다. 고대 그리스 철학자 아리스토텔레스는 욕망에 역동적인 기능을 인정했다. 과도한 욕망이 문제가 되는 것이지 적절한 욕망은 바람직한 것으로 보았다. 욕망을 결여의 충족으로 이해한 철학자들이 욕망과 이성을 대립적인 것으로 보았지만 아리스토텔레스는 이성과 조화할 수 있는 욕망이 있다고 보았다.[31] 또한 욕망을 긍정적으로 본 대표적인 철학자로 스피노자가 있다. 근대 철학자 스피노자는 욕망(conatus: 코나투스)을 인간의 본질로 이해하고 이전의 철학자들과 달리 이성으로 욕망을 지배할 수 없다고 보았다. 스피노자는 결핍으로부터 욕망이 생기는 것이 아니라 욕망이 그 대상을 만들어낸다고 보았다. 니체 역시 스피노자의 코나투스에 상응하는 '힘에의 의지'를 생산적이고 능동적이며 창조적인 것으로 보았다.

우리는 기술의 진보에서 욕망의 능동적 기능을 발견할 수 있다. 테크놀로지의 계관시인이라고 불리는 세계적인 공학저술가 헨리 페트로스키 교수는 기술의 진보를 이끌어내는 것이 필요보다는 욕구라고 말한다. 음식이 없으면 생존할 수 없지만 냉장고나 에어컨은 반드시 필요한 것은 아니다. 공기나 물이 없으면 살 수 없으므로 공기나 물은 필요한 것이지만 냉장고나 에어컨은 필요한 것 이상이다. 반드시 필요하지 않음에도 불구하고 냉장고나 에어컨을 발명한 것은 우리의 욕망이라는 것이 페트로스키의 설명이다.

욕망의 지배로부터 벗어날 수 있는가?

불교에서는 인간의 기본적인 욕망을 다섯 가지로 이야기한다. 기본적으로 색성향미촉의 오경(五境)에 집착하여 발생하는 색욕, 식욕, 수면욕, 재물욕, 명예욕을 오욕(五慾)이라고 한다. 이런 욕망은 자신 밖에서 욕망의 대상을 얻고자 치달리는 마음의 취향이다. 몸을 가진 존재로서 우리에게 오욕이 있다는 것은 어떻게 보면 자연적인 것이며 그것 자체로 나쁘다고 할 수는 없다. 하지만 오욕에 대한 집착이 지나칠 때 탐욕이 되고, 탐욕은 우리 자신과 타인을 해치는 독으로 작용한다. 불교에서 탐욕은 진에(성내는 마음), 우치(어리석은 마음)와 더불어 삼독(三毒)이라고 한다.

인간의 탐욕은 끝이 없는 것이어서 아무리 욕심을 채워도 충족되지 않는다. 그래서 삼독 가운데 그 뿌리가 되는 것이 탐욕이다. 『법화경』 비유품에 보면 여러 고(苦)의 원인이 탐욕이라고 했다. 석가세존께서는 "저 수미산을 모두 금으로 바꾸어 놓는다고 해도 단 한 사람의 탐심도 채우지 못한다."고 말씀하셨다. 또한 탐욕은 불길 같아서 모든 것을 태우고 만다고 하셨는데, 탐욕은 결과적으로는 자기 자신을 해치고 다른 사람들에게까지 큰 해를 입히기 일쑤이다.

『투명인간』의 그리핀이나 〈할로우 맨〉의 카인은 결국 욕망 때문에 자신을 망쳤으며, 다른 사람들에게까지 해를 입혔다. 욕망이 이성과 도덕심의 눈을 가리고 사악한 행위를 하도록 우리를 부추긴 사례는 현실에서 수도 없이 많다. 욕망은 맹목적이기 때문이며, 본질적으로 채워지지 않는 성질을 가지고 있기 때문이다. 아리스토텔레스는 "욕망의 본질은 채울 수 없는데, 대부분의 사람들은 이것을 채우기 위해 살아간다."고 하여 보통 사람들이 욕망의 지배로부터 자유롭지 않다는 것을 이야기했다.

탐욕은 사람을 해치지만, 특히 권력이 있는 자가 탐욕에 빠졌을 때 그 해악은 가늠하기 어려울 만큼 크다. 한비자는 중국 역사상 폭군의 전형 가운데 하나인 상나라의 주왕의 이야기를 통해 탐욕이 얼마나 끝없는 것인지를 이야기하며 그것이 백성을 도탄에 빠뜨리고 나라의 존망을 위태롭게 했음을 보여준다. 삼독의 관계에서 알 수 있듯이 탐욕은 진에와 우치의 근원이다. 탐욕을 갖게 되면 그 욕심을 충족시키기 위해 애쓰는데 쉽게 충족되지 않으면 조급해지고 난폭해져서 성질을 내게 되고, 그렇게 되면 모든 것을 제대로 보고 냉정하게 올바로 판단하지 못하게 된다. 탐욕이 사람을 점점 어리석게 만들고 그릇

사성제(四聖諦)

사성제는 불교의 실천적 교의로서 팔정도, 연기설과 함께 원시불교의 중요한 가르침이다. 인생의 문제와 그 해결 방법에 관한 네 가지 진리(고집멸도)에 대한 깨달음을 담고 있다. 고성제는 인생의 참모습을 나타낸 것으로 인생이 생로병사의 네 가지 기본적인 고통에 얽매어 있음을 말한다. 집성제는 고통의 원인이 무지, 욕망, 집착에서 비롯한다는 것을 말해준다. 멸성제는 모든 욕망의 뿌리가 되는 갈애를 남김없이 소멸시킨 이상적인 경지로 열반을 이야기한다. 도성제는 모든 고통을 소멸하고 참된 자유를 얻는 열반의 상태에 들기 위한 수행의 방법으로서 팔정도를 주장한다.

팔정도(八正道)

팔정도는 원시불교의 경전인 『아함경』에 나오는 것으로, 중생이 각종 고통의 원인에서 벗어나 해탈하여 깨달음의 경지인 열반의 세계로 나아가기 위해서 실천 수행해야 하는 여덟 가지 길을 밝힌 것이다. 열거하면, 정견(正見) 즉 올바로 보는 것, 정사(正思) 혹은 정사유(正思惟) 즉 올바로 생각하는 것, 정어(正語) 즉 올바로 말하는 것, 정업(正業) 즉 올바로 행동하는 것, 정명(正命) 즉 바르게 생활하는 것, 정근(正勤) 혹은 정정진(正精進) 즉 올바로 부지런히 노력하는 것, 정념(正念) 즉 올바로 기억하고 생각하는 것, 정정(正定) 즉 올바로 마음을 안정하는 것 등이다.

된 판단을 하게 만든다.

그러면 우리는 욕망의 지배로부터 벗어날 수 없는가? 러시아의 대문호 톨스토이는 삶의 지혜를 통해 욕망을 극복하는 방법을 이야기했다. 톨스토이에 따르면, 만일 우리가 지금 육체적 탐욕을 억누를 수 없다면 그것은 충분히 억누를 수 있었던 탐욕을 습관으로 만들었기 때문이다. 그러므로 탐욕을 억제할 수 없다고 느낄 때는 가능하면 많이 움직이지 말고 아무것도 하지 말고 상태가 좋아지기만을 기다리라고 말한다. 톨스토이는 욕망을 정복하지 못할 때 우리는 진정한 자유를 얻지 못할 것임을 잘 알고 있었다. 욕망이 우리를 노예로 만들어버릴 것이기 때문이다.

불교에서는 사성제(四聖諦)를 통해 욕망의 지배 문제에 대한 해답을 준다. 사성제는 불교의 가장 기본적인 교리로서 인생의 문제와 그 해결 방법에 대한 지혜를 담고 있다. 인생은 고통의 연속이다. 생로병사를 포함하여 수많은 고통이 인생을 이루고 있다. 고통의 가장 근본적인 원인은 욕망이며, 우리 마음 깊숙이 박혀 있는 갈애(渴愛)이다. 갈애는 모든 욕망의 근저를 이루는 채워질 수 없는 욕망이다. 욕망은 우리 삶을 이끌어가는 동력이기도 하지만 인생을 지배하는 강력한 힘이다. 인간은 욕망이 있어 살아가지만 다른 한편으로 한없는 욕망 때문에 고통 받는다. 그러므로 갈애를 극복하는 것이 인생의 고통에서 벗어나는 길이다. 불교에서는 갈애가 남김없이 없어진 상태를 열반이라고 하고, 갈애의 속박에서 벗어나는 것을 해탈이라고 한다. 우리를 끝없이 고통 속에 묶어 두는 갈애로부터 벗어나는 방법은 다름 아니라 팔정도(八正道)이다. 끊임없이 수행 정진하여 팔정도를 실천함으로써 욕망의 지배로부터 벗어나고, 자유로운 존재로 거듭날 수 있다고 불교는 가르치고 있다.

투명화 기술은 분명 놀라운 것이며, 잘 사용되었을 경우에 우리의 삶에 유익한 것이 될 수 있다. 하지만 전설이나 소설 속에서 우리가 상상하듯이 투명화 기술을 떠올리면 동시에 우리의 욕망이 떠오른다. 그만큼 우리는 욕망하는 존재이기 때문일 것이다. 새로운 기술의 등장이 우리의 욕망을 부추기지 않고 오히려 자비심을 자극하게 하려면 어떻게 해야 할까? 투명화 기술이 인간의 욕망에 대해 다시 한 번 생각해볼 기회를 제공하는 것 같다.

2장 가상현실, 가상 사찰을 현실로 만들다

공중에서 걷는다면 어떤 느낌이 들까? 상상 속이라면 모르지만 현실에서 공중을 걷는 것이 가능할까? 예전에 정말 공중에서 걸은 남자가 있었다. 1974년 8월, 프랑스의 곡예사인 필리프 프티(Philippe Petit)는 건설 중인 뉴욕의 세계무역센터 빌딩의 건물들 사이에 줄을 걸고 그 위를 걷는 묘기를 보여주었다. 세계무역센터 빌딩은 지상 412미터 높이의 쌍둥이 빌딩으로 세계에서 가장 높은 빌딩 가운데 하나이다. 줄을 걸고 그 위를 걷는 것이기는 하지만 400미터가 넘은 높이에서 줄 위를 걷는다면 하늘을 걷는 것과 다름없지 않을까?

우리도 프티처럼 공중을 걸어볼 수 있을까? 프티의 도전은 불가능에 가까운 것이었다. 412미터 높이의 줄 위를 아무런 장비도 없이 중심 잡는 막대기 하나만 들고 걷는다는 것은 극한의 상황 체험이다. 한 발만 헛디디면 목숨을 잃을 게 분명하다. 하지만 프티는 도전에 성공하였다. 2015년, 우리는 프티의 체험을 흉내낼 수 있게 되었다. 프티의 전기를 다룬 영화 〈하늘을 걷는 남자〉 상영 특별 이벤트로 관객들을 위한 공중에서 걷기 체험 행사가 있었다. 가상현실(virtual reality: VR) 기술을 이용한 모의 체험 행사였다.

높은 곳을 무서워하는 나로서는 도전해볼 엄두를 낼 수 없는 행사였다. 현실이 아니라 컴퓨터로 만들어내는 모의 현실이지만 우리의 감각에는 마치 현실에서처럼 느껴질 것이기 때문이다. 발밑을 보면 끝이 보이지 않을 만큼 까마득해 보이고, 온몸으로 412미터 높이의 공포를 느낄 수 있는 현실감은 실제가 아니라는 생각만으로는 극복하기 어려운 감각과 느낌을 우리 내부에 불러일으킨다. 최근의 가상현실 시스템은 현실감이 높은 실감나는 모의 현실을 만들어내고 있기 때문이다.

가상현실 기술은 한마디로 컴퓨터 시스템으로 현실을 모의(simulation)하는 기술이다. 가상현실은 현실 세계 혹은 상상의 세계를 모의하여 사용자가 실제로 그 세계 속에 존재하는 듯한 몰입감을 제공하고, 사용자로 하여금 그 세계 속에서 다른 사용자들 혹은 사물들과 상호작용할 수 있게 하는 사용자 인터페이스 기술이다. 가상현실은 우리의 감각을 모의한다. 여러 가지 장비를 이용하여 시각, 청각, 촉각, 후각 등을 인공적으로 만들어내기 때문에 사용자 관점에서는 모의된 현실을 실제 현실처럼 느끼게 된다.

가상현실은 현실과 유사한 감각을 만들어내기 위해 몇 가지 특수한 장비를 사용한다. 얼굴에 쓰는 헬멧(Head Mounted Display: HMD)과 손에 끼는 데이터 장갑은 기본 장비에 해당한다. HMD는 시각과 청각을 모의한다. 장갑은 촉각을 모의한다. 전신에 작용하는 데이터 의복(data suits)으로 전신의 촉각을 모의할 수도 있다. 요즘에는 HMD가 간소화되어 고글 모양으로 된 것을 사용한다.

가상현실 시스템의 효시는 1940년대 미국 공군과 항공 산업에서 활용하던 비행모의 시스템이라고 할 수 있다. 1956년에는 3차원 이미지, 입체 음향, 냄새 등을 이용해 신경체계를 자극하는 오락장치인 센소라마 시뮬레이터(Sensorama Simulator)가 개발되었다. 1968년에 가상현실의 아버지라고 불리는 미국 유타대학의 이반 서덜랜드(Ivan Edward Sutherland)가 두 눈에 입체 영상을 보여주는 장치인 최초의 HMD를 고안했다. 미국 국방부 산하 연구기관인 미국방위고등연구기획국(Defense Advanced Research Project Agency: DARPA)에서 근무한 서덜랜드는 1965년에 발표한 "궁극적 디스플레이"라는 논문에서 컴퓨터로 모의한 공간 속에서 사물을 통제할 수 있다는 생각을 제시하였다.

'가상현실'이라는 용어를 오늘날과 같은 개념으로 사용하고 통용시킨 주인공인 재론 래니어(Jaron Lanier)는 직접 가상현실 장비를 개발하기도 했다. 데이터글로브(DataGloveve)라는 이름의 데이터 장갑이 그것이다. 우리는 데이터 장갑을 이용해 팔과 손의 움직임, 손가락의 촉각을 모의할 수 있다.

가상현실이란 무엇인가?

가상현실이라는 용어 이전에 '인공 현실(artificial reality)'이라는 용어가 사용되었다. 말 그대로 컴퓨터에 의해 인공적으로 만들어진 현실이라는 점을 강조한 것이다. 이 용어는 1970년대에 마이런 크루거(Myron Krueger)가 고안하였다. 오늘날 통용되는 가상현실이라는

"가상현실 시스템의 효시는 1940년대 미국 공군과 항공 산업에서 활용하던 비행모의 시스템이라고 할 수 있다. 가상현실의 아버지라고 불리는 서덜랜드는 1965년에 발표한 "궁극적 디스플레이"라는 논문에서 컴퓨터로 모의한 공간 속에서 사물을 통제할 수 있다는 생각을 제시하였다."

용어는 1980년대 후반에 미국의 디제라티(digerati)인 재런 래니어가 개념적으로 정립한 것이다. 디제라티는 디지털(digital)과 지식계급(literati)의 합성어로 디지털 지식으로 무장한 신흥 지식 계급을 가리킨다. 1992년에 『뉴욕타임스』에서 처음 사용된 이후 일반화되었다.

가상현실이라는 용어가 우리나라에 처음 소개된 것은 1990년대 초반이고, 일간지와 TV 뉴스에 가상현실이라는 용어가 등장한 것은 1990년대 말이다. 그러니까 우리는 가상현실이라는 말을 꽤 오래전부터 들었다. 하지만 아직도 가상현실에 대한 대중적 이해도가 낮은 듯하다. 심지어 가상현실과 사이버공간(가상공간)을 혼동하는 경우까지 종종 있다. 우리말로 번역한 용어들이 비슷비슷하다는 데도 이유가 있을 것이다.

사이버공간 혹은 가상공간도 가상현실처럼 컴퓨터 시스템에 의해 만들어지는 것이긴 하다. 하지만 가상공간에서는 오감이 모의되지 않는다. 다시 말해서, 우리가 가상공간에서 활동한다고 해서 우리의 오감으로 감각을 느끼지는 않는다는 것이다. 현실에서 보고 듣고 만지는 것처럼 느끼도록 하려면 단순히 네트워크를 통해 조성된 가상공간만으로는 부족하고 특별한 장치들이 필요하다.

최근에 많이 언급되고 있는 증강현실(Augmented Reality: AR)도 가상현실과 조금 다르다. 증강현실은 사용자의 눈에 보이는 현실에 3차원 가상 물체를 겹쳐 보여주는 기술이다. 현실세계에 가상환경을 겹쳐 하나로 보여주므로 혼합현실(Mixed Reality: MR) 기술이라고도 한다. 증강현실은 현실 환경을 기반으로 하고 가상의 환경으로 현실 환경을 보완하는 것이지만, 가상현실은 완전히 모의된 환경이다. 물론 현실을 모의한 것일 수도 있고, 상상의 세계를 모의하는 것일 수도 있다.

자동차 운전석이나 비행기 조종석 유리창을 활용한 디스플레이는 증강현실의 한 보기이다. 증강현실 기술을 이용한 것으로 요즘 가장 주목을 받는 것이 구글 글래스(Google Glass)이다. 이 스마트 안경은 보통 안경처럼 눈에 착용하지만, 스마트폰처럼 구글 안드로이드 운영체계가 내장되어 있어 안경으로 인터넷 검색이나 사진 촬영, 길 안내 등의 기능을 제공한다.

가상현실은 영화 〈토탈 리콜〉에서처럼 만들어진 현실이다. 우리는 이 만들어진 현실에서 유사 감각을 얻는다. 유명한 TV 공상과학 영화 시리즈인 〈스타 트렉: 넥스트 제너레이션〉에서 볼 수 있는 홀로덱(Holodeck) 또한 일종의 가상현실이다. 홀로덱은 홀로그램을 이용하여 실감나는 3차원 영상은 보여준다.

가상현실은 현실을 부정하는가?

가상현실(virtual reality)에서 '가상'이라는 형용사는 소프트웨어 공학에서 사용하던 말이다. 가상 메모리(virtual memory)라는 것이 있다. 이것은 하드웨어의 한계를 뛰어넘어 컴퓨터를 활용하는 방식으로, 프로그램 실행에 필요한 주기억장치(메모리)의 용량이 부족할 때, 보조기억장치를 마치 주기억장치처럼 활용하는 것이다. 이외에도 가상이라는 단어는 여러 군데에서 사용되는데, 컴퓨터를 통해 일어나는 많은 현상들에 가상이라는 수식어가 붙어 있다. 예를 들면, '가상 우편', '가상 그룹', '가상 도서관', '가상 대학' 등이 있다.

가상이라는 단어는 중세 철학자 둔스 스코투스(Duns Scotus)의 '비르투알리터(virtualiter)'에서 어원을 찾을 수 있다. 스코투스는 우리의 기존 환경과 인공적 환경 사이의 차이를 극복하기 위해 가상이라는 단어를 사용했는데, 자연적 공간과 반대되는 의미로서의 가상공간에는 자연적 사물에 해당하는 가상적 사물이 존재한다고 주장하였다.

가상세계의 존재들에는 상상력이 첨가되어 있다. 상상력은 우리가 지각한 것, 읽거나 들은 것을 재구성하여 정신적으로 형상화한다. 상상력이 만들어낸 형상은 현실의 물리적 한계를 초월할 수 있다. 이런 의미에서 상상력은 우리를 현실로부터의 해방시킨다. 가상현실은 상상력에 현실감을 제공한다. 상상적 실재에 현실의 감각과 느낌을 덧붙이기 때문이다.

미국의 철학자 마이클 하임(Michael Heim)은 가상세계가 일종의 착각이 아니며 현실세계의 실존적 측면을 포함하고 있다고 주장한다.[32] 하임은 '사람은 반드시 죽는다'는 인간 존재의 유한성에 주목하여 현실세계의 실존적 특징을 이야기한다.

먼저, 인간은 한정된 인생을 산다. 태어나서 성장하고 죽음에 이르는 과정은 누구도 피할 수 없는 인생의 질서이다. 우리는 어느 때 어떤 곳에서 태어나서 어떤 사람들과 상호작용하면서 성장한다. 그리고 언젠가 어느 곳에서 죽는다. 우리가 현실 속에 매어 있다는 것은 이런 의미를 갖는다. 삶과 죽음, 어느 때와 어느 장소, 어떤 사람들은 기본적으로는 우리의 의지와 관련 없는 운명이다.

인간의 주요한 실존적 특성은 시간 속에 존재한다는 것이다. 과거로부터 미래로 진행하는 사건의 진행 속에서 인간은 살아가고 있다. 우리의 시간을 거꾸로 되돌릴 수 없으며, 시간 속에서 순간순간의 연속을 살아간다. 이런 점 때문에 우리의 삶은 유일하고 독특한 것이 된다. 우리 삶은 일시적인 환상이나 순간의 유희가 아니라 연속적으로 이어지는 실질적인 것이다.

또한 인간은 생물학적 한계를 지니고 있다. 우리는 생물학적으로 약한 존재이다. 언제나 신체적으로 손상을 입을 가능성을 안고 있으며, 또한 신체적 손상의 결과로 나타나는 고통을 예상하고 긴장하고 두려움을 느끼기도 한다. 우리는 늘 몸조심해야 한다는 말을 유념하면서 살아가는 생명체이다.

하임은 이와 같은 세 가지 점을 인간의 실존적 특성이라고 보고,

"가상세계의 최종 목표를 현실세계의 제한들로부터 우리를 해방시키는 데 있다. 가상현실은 불교에 있어서, 또 불교신자들에게 새로운 세계를 탐색할 수 있는 기회가 될 수 있을 것이다. 가상 사찰(virtual temple)은 불교신자들과 일반 대중에게 불법(佛法)을 전파할 수 있는 훌륭한 수단으로 떠오르고 있다."

가상현실과 미래 교육 혁명

가상현실이 21세기 교육의 양상을 바꾸어 놓을 것이라고 예측하는 사람들이 많아졌다. 가상현실이 응용되는 분야하면 게임을 떠올리기 쉽지만 교육 분야 또한 가상현실의 도입으로 획기적인 변화를 맞이할 분야로 유망하다. 사실, 과거에도 비행 시뮬레이션 시스템이나 가상현실 인체 시뮬레이션 혹은 가상 수술 시뮬레이션 시스템 등 교육 영역에서 가상현실 기술이 사용되었었다. 그런데 최근 들어 초등학교 교육에서부터 대학교 교육, 그리고 직업 교육 등에 가상현실 기술을 응용하려는 움직임이 커지고 있다.

전문가들은 가상현실이 미래 교육의 중심이 될 것이라고 전망한다. 단순히 글로 읽는 것을 통해 학습하지 않고 눈으로 보고 몸으로 느끼는 교육이 가능해질 것이기 때문이다. 초기에는 3D 가상 박물관이나 가상 인체 탐험 등이 학습 현장에서 사용될 것이고, 추후에는 현실감 있는 다양한 가상체험형 교육 프로그램들이 개발될 것이다. 예컨대, 조선시대의 시장을 실제처럼 체험해 보는 3D 가상현실 교육 프로그램이 가능할 것이다. 가상 환경에서 시장을 구경도 하고 물건도 사볼 수 있을 것이다.

미래의 교육에서는 가상현실 기술뿐만 아니라 게임화가 진행될 것이다. 교육과 게임의 결합은 예전에도 있어서 교육용 게임들이 다수 있었지만 다가올 학습의 게임화는 새로운 단계로 접어들 것이다. 학습자가 역사적 사건 또는 설계된 가상의 사건 속에 들어가서 사건을 직접 탐구하고 분석하는 방식으로 현실에서 경험을 통해 배우는 방식을 모방하게 될 것이다. 이런 방식의 교육은 시행착오를 통한 교육으로 단순히 글로 배우는 것에 비견되지 않는 높은 교육 효과를 보여줄 것으로 기대된다.

이런 특성들 때문에 인간은 현실에 얽매이게 되고 현실적이 된다고 말한다.[33] 가상현실이 만들어내는 세계에는 이런 실존적 특성이 모두 거부되는가? 현실세계에서 인간을 구속하고 있는 제한들, 다시 말해 인간이 지닌 유한성들을 모두 벗어 던진다면 그런 가상세계는 우리에게 현실감을 주지 못할 것이다. 반대로 현실세계의 모든 제한을 가상세계에 부과한다면 그것은 단지 현실을 거울에 비춰 보여주는 것과 같은 것이 될 것이다. 가상현실은 현실을 반영하지만 현실에 머무르지 않는다. 현실을 새롭게 해석하고, 더욱이 현실을 새롭게 창조해낸다.

가상현실과 불교

마이클 하임은 가상세계의 최종 목표를 현실세계의 제한들로부터 우리를 해방시키는 데 있다고 보았다. 물론 이 해방은 맹목적으로 현실로부터 도피하는 것을 뜻하지 않는다. 그것은 보다 나은 세계로 나아가기 위해, 새로운 세계를 탐색하기 위한 것이다. 이런 맥락에서 가상현실은 불교에 있어서, 또 불교신자들에게 새로운 세계를 탐색할 수 있는 기회가 될 수 있을 것이다.

가상현실 기술은 불교에 새로운 기회를 제공할 수 있다. 최근 해외에서 활용되고 있는 가상 사찰(virtual temple)은 불교신자들과 일반 대중에게 불법(佛法)을 전파할 수 있는 훌륭한 수단으로 떠오르고 있다. 미국의 샌프란시스코에 본부를 두고 있는 린든 리서치(Linden Research)에서 운영하고 있는 인터넷 사이트인 세컨드 라이프(Second Life)는 가상현실과 불교가 만나는 새로운 가능성을 보여주고 있다. 세컨드 라이프는 이용자들이 만드는 3차원 가상세계이다.

세컨드 라이프에서 우리는 가상 사찰을 발견할 수 있다. 사용자는 가상 사찰에 방문하기 위해 자신을 대신할 수 있는 아바타를 만든다. 세컨드 라이프는 이용자들이 아바타를 통해 현실세계에서처럼 참여할 수 있는 가상세계를 제공한다. 이용자는 아바타를 통해 사찰을 방문하고, 사찰에서 거행되는 온갖 행사에 참석할 수 있다. 예를 들면, 법회에 참석할 수 있는데, 이용자의 아바타는 법당으로 걸어 들어가서 방석을 가져다 자신이 원하는 자리에 놓고 그 위에 앉아 명상의 시간을 갖고 예불을 드릴 수 있다. 가상 사찰에도 실제 사찰에서 볼 수 있는 것과 같은 거대한 불상이 있다.

가상 사찰은 불교와 불교신자에게 여러 가지로 새로운 기회가 될 수 있다. 가상 사찰은 몇 가지 장점이 있다. 사찰이 없는 지역, 혹은 사찰이 너무 멀리 떨어져 있어서 쉽게 사찰을 찾아가기 어려운 지역의 사람들에게 가상 사찰은 '집 앞의 사찰'이라는 이상적인 현실을 가능하게 해줄 것이다. 또한 사찰이 그리 멀지 않은 곳에 있더라도 실제로 사찰을 방문하고 불교 행사에 참석하거나 법당에서 예불을 하는 데는 번거로울 수 있다. 하지만 가상 사찰을 이용하면 각자의 상황에 맞춰 편리한 시간에 마음껏 사찰의 시설을 활용할 수 있는 장점이 있다.

이것뿐이 아니다. 가상 사찰을 이용하면 다른 지역의 사찰에서 거행되는 불교 행사에도 참여할 수 있는 좋은 기회를 얻을 수 있다. 더욱이 가상 사찰은 질문하고 답변을 듣는 방식으로 불교신자와 대중들이 불제자와 대화하고 설법을 들을 수 있는 기회를 제공한다. 세컨트 라이프의 아바타들은 말을 하고 몸짓으로 표현한다. 상당한 수준의 동작을 할 수 있도록 설계되었기 때문이다. 가상 사찰은 찾은 수많은 사람들이 서로 이야기를 나누고 교류할 수 있다. 물론 아바타를 통해서이긴 하지만 말이다.

세컨트 라이프는 현실세계의 문화를 가상세계에서 구현하는 것을 목표로 하고 있다. 가상 사찰은 현실세계의 사찰에서 우리가 할 수 있는 경험의 상당 부분을 가상세계에서도 할 수 있도록 지원하고 있다. 불교 신자가 사찰에서 하는 행동들 가운데 상당 부분이 가상 사찰이라는 가상현실의 공간에서 실제로 경험할 수 있다는 것은 불교계의 입장에서는 환영할 만한 일이다. 부처님의 말씀과 불교 문화를 중생에게 전파할 수 있는 훌륭한 수단을 얻은 것이기 때문이다.

"온갖 사물들의 세계를 불교에서는 법계(法界)라고 한다. 산스크리트어로 다르마 다투(dharma dhatu)이다. 부파불교에서는 십팔계 가운데 하나로 의식의 대상이 되는 모든 사물을 일컫는 말로 사용되고, 대승불교에서는 모든 존재를 포함한 세계를 가리킨다. 또한 법계는 모든 존재와 현상의 본질적인 양상, 즉 진여(眞如)를 이르기도 한다."

예를 들면, 세컨드 라이프는 이런 기회를 만들 수 있다. 불교에 관한 혹은 명상에 관한 대학 강의실을 가상세계에 만들고 수강생들이 아바타를 통해 가상 교실에 출석하여 강의를 듣거나 명상의 시간을 갖게 할 수 있다. 기업은 세컨드 라이프에 가상의 회합 장소를 만들어 제공하고 불교 신자인 직원들은 이곳에서 자신들만의 종교적 모임을 가질 수 있다.

가상현실과 법계

가상현실이 만들어낸 세계는 허상인가? 만일 이것이 허상에 불과하다면 가상현실을 이용하여 법을 전파한다는 생각, 가상 사찰에서 불교 행사에 참여하고 명상을 한다는 생각은 허망한 것이 아닌가?

온갖 사물들의 세계를 불교에서는 법계(法界)라고 한다. 산스크리트어로 다르마 다투(dharma dhatu)이다. 이 말은 여러 가지 의미로 사용되는데, 부파불교에서는 십팔계 가운데 하나로 의식의 대상이 되는 모든 사물을 일컫는 말로 사용한다. 반면에 대승불교에서는 일반적으로 법(法)을 모든 존재 또는 현상으로 해석하므로 법계는 모든 존재를 포함한 세계를 가리킨다. 모든 존재와 현상의 총체로서의 우주를 법계라고 할 수 있다. 또한 법계는 모든 존재와 현상의 본질적인 양상, 즉 진여(眞如)를 이르기도 한다.

존재하는 것들은 자연적으로 있는 것들도 있지만 인간에 의해 변형된 것, 새로이 만들어진 것들도 있다. 우리의 주변 사물들 가운데 많은 것은 우리가 만든 것들이다. 우리 인간은 자연적으로 주어진 사물과 우리가 만든 사물들과 함께 살고 있다. 사찰이 있는 공간, 사찰 주위의 자연경관은 주어진 것이지만, 사찰의 건물과 사찰 내부의 공간, 사찰을 구성하는 갖가지 사물들은 우리가 꾸미고 만든 것들이다. 우리는 사찰을 방문하여 예불을 하고 법문을 들을 뿐만 아니라, 사찰의 사물들을 이용한다.

가상 사찰 또한 우리가 만든 것이다. 비록 그것이 현실공간이 아니라 가상공간에 만들어진 것이라고 할지라도, 우리는 가상 사찰을 방문하여 예불을 하고 법문을 들을 수 있고, 가상 사찰에 있는 가상의 사물들을 이용한다. 가상 사찰은 허상이 아니며 우리가 지금껏 경험해보지 못한 또 하나의 현상이다. 물리적인 공간에 실재하지 않지만 가상공간에 실재하며, 우리의 정신 영역에서는 현실 속의 사찰과 같은 역할을 할 수 있다.

사물들은 현상적인 모습에서 보면 모두 다를 수 있지만, 하나 된 모습에서 보면 궁극적으로는 같은 것이다. 모든 사물과 현상의 본체는 진여(眞如)이기 때문이다. 우리는 현실을 있는 그대로의 모습으로만 생각하고, 현실을 누리는 길은 현재 우리에게 주어진 현상에 참여하는 것밖에 없다고 생각할 이유가 없다. 현실을 즐기는 새로운 방법이 있다. 바로 현실 속에 또 다른 현실을 창조하는 것이다. 가상현실은 이런 방식을 가능하게 해준다.

전에 서울의 코엑스 전시관에서 '2015 창조경제박람회'가 개최되었다. 여기에서 '가상현실에서 걷는 석굴암'이라는 독특한 체험 행사가 열렸다. 차세대융합기술연구원이 운영한 이 가상의 석굴암 체험관에서는 가상현실 기술을 활용해서 재현된 석굴암을 현실에서처럼 관람할 수 있었다. 관람자들은 가상현실 장비를 착용하고 서울 한복판에서 가상공간을 이동하며 석굴암 내부를 이곳저곳 살펴볼 수 있었다. 그때 관람자들에게 석굴암은 허상이 아니라 또 하나의 현실이었으며, 아직은 부족할지는 모르지만 경주의 석굴암에서 받은 감동과 유사한 감동을 가상현실 속의 석굴암을 관람하면서 받았을 것이다.

3장 4차 산업혁명 시대와 불교적 가치

오늘날 우리 사회가 정보사회라는 말은 이제 더 이상 할 필요도 없다. 다양한 정보통신기술이 사람들이 생활하고, 일하고, 배우고, 사회적 관계를 맺는 방식에 중대한 변화를 가져왔다는 것은 조금만 반성해 보면 알 수 있기 때문이다. 이제 모든 것에서 네트워크는 우리 삶의 일부처럼 되었다. 요즘 물건 살 때나 택시를 탈 때 현금을 사용하는 사람이 드물다. 신용카드나 체크카드 같은 것으로 가능해졌기 때문인데, 이런 것들은 네트워크 없이는 불가능한 것들이다. 네크워크의 보편적 보급과 정보통신기술의 발전으로 최근에는 사물인터넷(Internet of Thing: IoT)이라는 것이 등장했다. 이것을 사람, 사물, 공간, 데이터 등 모든 것이 네트워크로 서로 연결되어, 정보가 생성, 수집, 공유, 활용되는 초연결 네트워크를 의미한다. 쉽게 말하면, 세상 모든 것들, 즉 사람과 사물 모두가 네트워크로 연결되는 것을 의미한다.

기술의 발전과 인간의 욕망

사물인터넷은 크게 사물 간 통신과 사람과 사물 간 통신으로 구분할 수 있는데, 2020년이면 이 세상 모든 물건이 네트워크로 연결될 것이라는 전망이 제시되어 있다. 사물인터넷의 시대에 사람들은 예전보다 훨씬 더 편리한 생활을 누리게 될 것이다. 인스턴트 식품이 전통식품에 비해 간편하고 시간도 훨씬 적게 드는데 문제는 맛과 영양에 대한 사람들의 신뢰감이 부족하다는 것이다. 최근에는 집에서 간편하게 전자레인지 등으로 조리할 수 있는 인스턴트 식품이 맛도 개선되고 종류도 다양해졌다. 사물 간 통신을 활용하면 이런 식품들을 조리할 때 조리법을 읽을 필요가 없다. 음식 용기에 부착된 전자

태그를 통해 조리법 정보가 전자레인지로 전달되기 때문이다. 사물인터넷은 여러 면에서 생활의 편리를 증진시킬 것이다.

그런데 기술이 발달하면 그냥 좋은 것인가? 무엇을 좋은 것으로 보느냐에 따라 달라지겠지만, 풍요와 편리를 가져다주고 결핍과 고통의 감소를 가져다준다고 보는 것이 일반적이다. 그런데 그뿐인가? 인류 문명의 초창기에 기술의 발전은 필요에 의해서 이루어졌다. 생존에 필요해서 각종 도구를 개발했다. 하지만 오늘날 기술은 필요보다는 욕구를 위해 발전한다. 그래서 세계적인 공학저술가 헨리 페트로스키 교수는 기술의 진보를 이끌어내는 것은 필요보다는 욕구라고 말했다. 냉장고나 에어컨이 반드시 필요한 것은 아니다. 우리의 욕망이 필요 이상을 요구하고 그에 부응하여 기술의 발전이 이루어졌다는 것이다. 또한 이와 반대로 발전된 기술이 욕망을 자극하기도 한다.

기술이 우리에게 이득을 가져다주는 것은 우리가 그것을 우리의 의도에 맞춰 사용할 수 있기 때문이다. 그런데 통제될 수 없는 기술이 등장한다면 그것은 편리나 풍요 못지않게 위험을 불러올 것이다. 오늘날 기술 발전을 언급하면서 떠올리지 않을 수 없는 단어가 바로 위험이다. 사물인터넷은 편리함의 수준을 현격하게 끌어올리고 여러 분야에서 안전도를 높이는 데도 기여할 것으로 보인다. 그러면 여기에는 아무런 위험은 없을까?

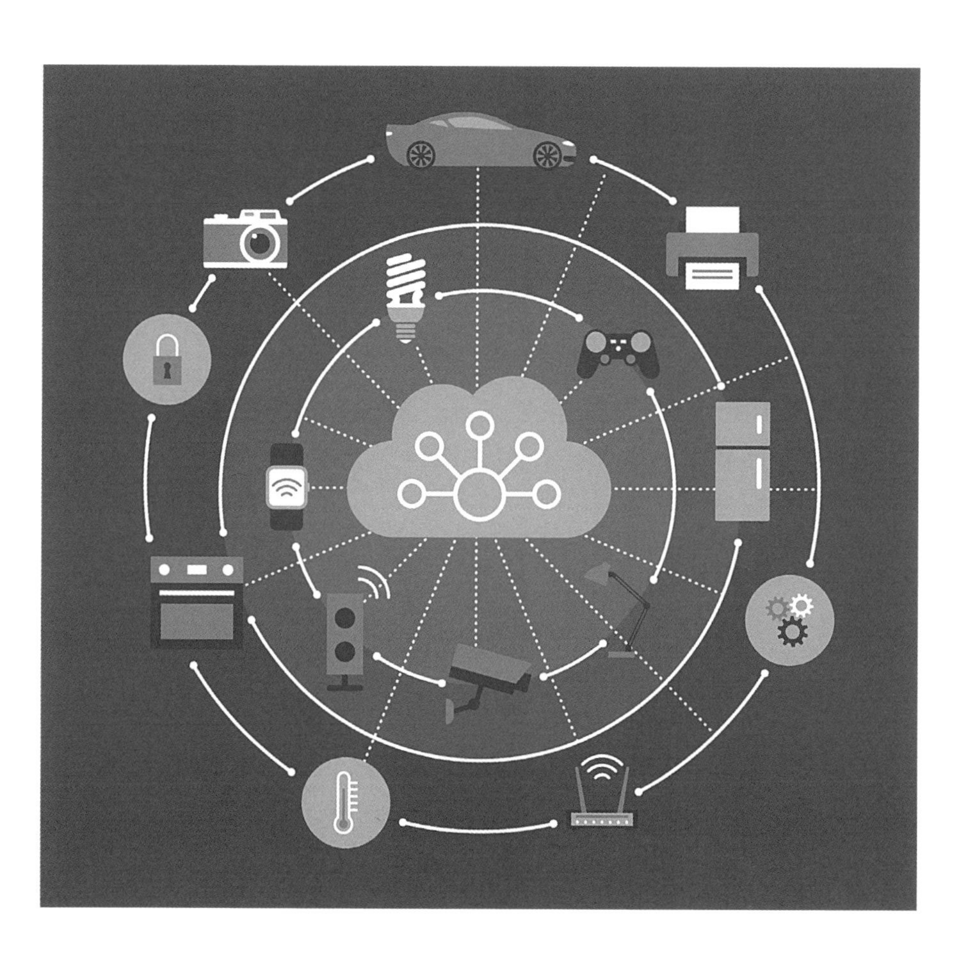

"사물인터넷을 통해 세상 모든 사람과 사물이
완벽하게 연결되면 초연결 사회가 도래할 것이다.
사물인터넷은 크게 사물 간 통신과 사람과 사물 간
통신으로 구분할 수 있는데, 2020년이면 이 세상 모든
물건이 네트워크로 연결될 것이라고 한다."

정보통신기술의 보급 이후에 우리는 그것으로부터 누리는 혜택이 많을수록 개인의 사적 영역을 더 많이 공개해왔다. 제법무아이니 문제될 것이 없다고 해야 할까? 프라이버시는 결국 개인성과 개인의 자아를 토대로 하는 것인데, 자아란 무상한 것이니 자아를 특화하고 다른 것과 구별하고 고정시키려는 시도로 프라이버시를 옹호하는 주장을 지지하지 말아야 할까?

하지만 문제가 그리 간단해 보이지 않는다. 기술을 통한 욕망의 추구는 풍요와 편리를 앞세워 은밀하게 사람들 사이에 스며드는 듯하다. 사물인터넷의 시대는, 탐욕의 시선으로 보면, 디지털 판옵티콘의 시대일지 모른다. 세상 모든 사람의 일거수일투족이 소수에 의해 감시되고 관리되는 시대 말이다. 오늘날 고도의 자본주의 사회는 사람을 무력으로 통제하지 않고, 욕망을 통해 은밀하게 통제하고 관리한다.

기술을 통제할 수 있는 자리에 있는 자의 탐욕은 정보사회의 가장 어두운 전망이다. 불교에서 탐욕은 삼독 가운데 그 뿌리가 되는 것이며, 탐욕으로부터 인간의 여러 고통이 생겨난다. 탐욕은 어떤 경우에도 충족되지 않는데, 그 이유는 채울수록 더 커지기 때문이다. 탐욕은 자기 자신을 해치고 다른 사람들에게까지 큰 해를 입힌다. 탐욕은 사람을 해치지만, 특히 권력이 있는 자가 탐욕에 빠졌을 때 그 해악은 헤아릴 수 없을 만큼 크다.

인공지능의 놀라운 위력

최근 우리는 인공지능의 위력에 놀랐다. 프로 바둑기사 이세돌 9단이 인공지능 알파고에게 맥없이 무너졌기 때문이다. 1956년 존 매카시와 마빈 민스키 등이 인공지능을 하나의 학문 영역으로 출범시킨 이후 인공지능은 꾸준한 발전을 거듭해 왔다. 최근에 심층신경망(DNN)이라는 획기적인 딥러닝(Deep Learning) 기술이 등장함으로써 기계학습 분야에서 빠른 발전이 이루어지고 있다. 물론 전문가 시스템 영역도 IBM 왓슨(Watson)이 미국의 국민 프로그램인 〈지오파디〉라는 퀴즈쇼에서 인간 챔피언을 누르고 우승한 것을 통해 놀라운 발전이 있었음을 보여주었다.

인공지능만큼 쓰임새가 넓은 기술도 드물 것이다. 지능이라는 말 그대로 인간의 지능이 관여된 모든 일에서 쓰임새를 발견할 수 있다. 물론 오늘날 인공지능이 인간의 지능에 필적할 정도로 발전한 것은 아니고, 일부 기능에서 인간의 지능을 흉내 내고 있을 뿐이기는 하다. 하지만 알파고나 왓슨이 보여준 능력만으로도 그 쓰임새는 굉장히 넓을 것으로 보인다.

미국이나 영국에서는 신문 기사의 상당 부분을 인공지능이 쓴다고 한다. 이른바 로봇 저널리즘이라고 부르는 것이다. 이것은 단순 보도 기사를 자동으로 생성하는 소프트웨어에 기반한 저널리즘이다. 금융업계는 증권 현황을 분석하고 추세를 예측하여 투자를 결정하는 일의 상당 부분을 인공지능에게 맡기고 있다. 국내에서도 이런 종류의 프로그램 개발이 이루어지고 있으며, 최근에는 인간과의 투자대결 게임을 진행하기도 한다. IBM 왓슨은 의료진단 시스템으로 활용되어 이미 놀라운 성과를 보여 주고 있다. 이 일에서 전문가 시스템의 위력은 이미 1970년대에 개발된 마이신(MYCIN)이 보여준 바 있다. 최근 많은 뉴스거리를 만들어내고 있는 자율주행자동차 역시 인공지능의 산물이다.

하지만 이런 인공지능의 등장, 혹은 앞으로의 등장 예측에 사람들의 근심이 커지고 있다. 인간의 영역을 인공지능이 침범함으로써 인간이 소외되지 않을까 하는 우려 때문이다. 기술의 혜택이 사람들에게 돌아가는 방식에는 차이가 존재한다. 이 차이가 클 때 기술은 그 가치를 제대로 실현하지 못하는 것 같다. 그리고 그 차이는 욕망을 제대로 통제하지 못할수록 커진다. 그리스 신화에서 인간을 창조한 프로메테우스가 신들에게서 불과 기술(테크네)을 훔쳐 인간에게 선물로 준 것에 대해 올림포스의 제왕 제우스가 크게 한탄한 것도 인간의 욕망 통제의 어려움을 알았기 때문이다. 그래서 제우스는 헤르메스를 시켜 인간들에게 타인에 대한 존경심과 정의감을 골고루 나누어주었던 것이다.

SF 영화에서 볼 수 있는 디스토피아적 상상, 다시 말해 인간보다 더 똑똑한 기계에 의해 인간이 지배당할 것이라는 상상은 바로 인간의 욕망이 제대로 통제되고 관리되지 못했을 때 발생할 수 있는 일이다. 로봇이라는 단어를 처음 사용한 체코슬로바키아 출신의 극작가 카렐 차페크는『로숨의 유니버설 로봇』에서 그러한 점을 잘 보여주었다.

기술이 고통을 감소시키는 데 쓰일 것인가, 아니면 욕망을 증폭시키고 고통을 증가시키는 데 쓰일 것인가, 또한 소수의 행복을 증가시고 다수의 고통을 감소시킬 것인가 아니면 대다수의 행복에 기여할 것인가 하는 것은 기술이 사용되고 통용되는 방식에 달려 있을 것인데, 여기에 욕망의 문제가 개입되어 있다. 불교는 오래전부터 욕망을 통제하고 관리하는 방식에 가장 큰 관심을 두어 왔다. 사성제(四聖諦)와 팔정도(八正道)는 불교에서 욕망의 문제에 대한 해답이라고 할 수 있다.

타인의 고통을 직시하라

2007년 여름에 미국에서 "소외된 90%를 위한 디자인" 전시회가 열렸다. 전시된 물건들은 전 세계 빈민들을 위한 디자인이었다. 전시회를 기획한 폴 폴락(Paul Polak)은 디자이너 대부분이 전 세계의 10%에 해당하는 부유한 고객의 욕망을 충족시키는 데 몰두하는 현실을 안타깝게 여기고, 나머지 90%의 소외된 이들을 되돌아보고 그들을 위한 디자인으로 눈을 돌리는 디자인 혁명을 주창했다. 산업 자본주의가 발전하면서 훨씬 다양한 디자인, 더욱 세련된 디자인의 제품들이 시장에 등장하고 있는데, 왜 디자인이 사람들을 소외시켰다고 하는가? 인체공학적 디자인이나 친환경 디자인을 비롯하여 오늘날만큼 디자인이 사람을 고려하여 고안된 적이 있었던가? 맞는 말이다. 하지만 오늘날 디자인이 고려한 사람은 부유한 사람들이지 가난한 사람들이 아니었다. 폴락이 주창하는 디자인 혁명은 극소수의 사람들, 다시 말하면 소비자를 위한 디자인이 아니라 인간을 위한 디자인을 촉구한다. 우리 주변에, 혹은 지구 반대편에는 고통받는 타인들이 얼마든지 있다. 타인의 고통을 외면하지 않고 직시할 때, 우리 내면에서 끝없이 일어나는 욕망으로부터 잠시라도 일정한 거리를 두고 고통받는 타인을 자비의 마음으로 바라볼 때, 폴락의 디자인 혁명은 시대적인 요구로 들릴 것이다.

프랑스 철학자 엠마누엘 레비나스(Emmanuel Levinas)는 자아 중심의 서양철학 전통을 비판하고 타자의 철학을 주장했다. 그는 타자를 대상 즉 자아에 마주서 있는 것으로, 다시 말해 부차적인 것으로 이해하지 않고 오히려 자아를 가능하게 하는 일차적인 의미를 갖는 것으로 이해했다. 서양 근대철학에서 자아는 모든 인식의 출발점이며, 이 세상 모든 것을 제거하고도 남는 유일한 것이다. 데카르트는 이런 생각을 "나는 생각한다. 그러므로 나는 존재한다(Cogito ergo sum)."는 명제에 담았다. 그리고 칸트의 실천적 자아 또는 자유로운 자아는 도덕성이 존립하는 자리이다. 하지만 레비나스의 자아는 타인 없이 성립하지 않는 그런 자아이다. 그에 따르면, 주체는 원래 있는 것이 아니라 타인과의 윤리적 관계를 통해 비로소 주체로서 세워진다. 주체는 자기 자신을 향해, 자신의 내면을 향해 있는 것이 아니라 애초부터 타인을 향해 있는 것이다. 그래서 우리는 타인에 대한 책임을 근본적으로 지니고 있다. 책임은 특정 행위에 뒤따르기보다는 언제나 우리와 함께 있다. 레비나스는 책임성을 주체성의 바탕을 이루는 제일구조라고 말한다. 이런 식으로 레비나스는 타인에 대한 책임을 적극적으로 강조한다. 레비나스는 책임성을 타인과의 관계의 핵심으로 보고, 타인에 대해 책임지는 마음가짐을 환대(hospitality)라는 개념으로 표현한다. 환대는 타인을 자신의 손님으로 맞이하여 대접하거나 선행을 베푸는 것이다. 환대할 때 우리는 타인 앞에서 자신을 수동적인 주체로 만들며, 타인의 부름에 적극적으로 응대한다. 레비나스가 말하는 환대는 어떠한 보상도 바라지 않고 순수한 마음으로, 타인의 고통을 회피하지 않고 타인의 고통을 직시하여 자신을 내어주는 것이다.[34)]

기술의 개발과 문명의 발전은 생활의 편리함을 증진시켰으며, 건강하게 오래 살 수 있게 만들었으며, 사람들 사이의 관계망을 확대시

"2007년 여름에 미국에서 폴락이 기획한
"소외된 90%를 위한 디자인" 전시회가 열렸다.
전시된 물건들은 전 세계 빈민들을 위한 디자인이었다.
타인의 고통을 외면하지 않고 직시할 때, 우리 내면에서
끝없이 일어나는 욕망으로부터 잠시라도 일정한 거리를
두고 고통받는 타인을 자비의 마음으로 바라볼 때,
폴락의 디자인 혁명은 시대적인 요구로 들릴 것이다."

켰다. 하지만 이런 혜택을 모든 인류가 누릴 수 있는 것은 아니었다. 오히려 기술이 발전할수록, 선진국이 강성해질수록 소외된 인류의 삶은 더욱 비참해지는 것처럼 보인다. 또한 선진국의 사람들도 첨단 기술로 인해 일자리에서 소외되고, 이상적인 인간의 모습으로부터 소외되고, 미래로부터 소외되는 것 같다. 왜 이런 일이 벌어지는 것일까? 우리는 기술과 문명으로부터 인간성과 타인을 보지 않고, 효율성과 자기이득만을 바라보기 때문이 아닐까? 이런 의미에서 디자인 혁명은 타인의 고통을 외면하지 않고 직시하는 태도의 변화를 꾀하는 운동이다.

디자인 혁명의 정신은 일체 중생의 행복을 염원하고 일체 중생이 고통에서 벗어나기를 바라는 부처의 자비심과 맥을 같이한다. 개인적인 탐욕과 희열을 쫓지 않고 갈애의 집착을 벗어던질 때, 우리는 순수한 마음으로 타인에게로 시선을 돌릴 수 있고, 마침내 타인의 고통을 알아차릴 수 있을 것이다.

타인의 행복에 기여할 의무

자아와 자유를 강조한 근대 독일의 철학자 임마누엘 칸트 역시 타인에 대한 의무를 주장한다. 타인의 고통으로부터 눈을 돌리지 않고 타인의 행복의 위해 애쓸 의무가 우리에게 있다는 것이다. "네 인격 안의 인간성뿐만 아니라 모든 사람의 인격 안의 인간성까지 결코 단지 수단으로만 사용하지 말고, 언제나 동시에 목적으로 사용하도록 그렇게 행위하라." [35] 칸트는 정언명법을 통해 인간의 존엄성을 강조했다. 인간은 누구나 목적으로서 존중받아야 하며, 상대적인 가치가 아니라 절대적 가치를 가진 존재로 존중되어야 한다. 우리는 타인을 나와 똑같은 인간으로 대우해야 한다. 나의 인격이나 타인의 인격이나 모두 인격이라는 점에서 동등하며, 나의 근본적 가치는 바로 나의 인격성에서 유래하기 때문에 나와 타인 모두 근본적으로 똑같은 가치를 지닌다.

칸트는 이성적 존재로서 인간은 누구나 자신이 완전성을 추구해야 할 의무가 있다고 말한다. 이렇게 보면 타인 역시 우리와 마찬가지로 인간성을 지니고 있으므로 우리는 타인의 인간성을 완성시키는 노력에도 동참해야 한다는 결론이 나온다. 나의 행복이 중요한 만큼 타인의 행복도 중요하다. 물론 칸트는 자신을 희생해서라도 타인의 행복을 위해 애써야 할 의무가 있다고 말하지 않는다. 그러나 자신에게 해가 되는 않는다면 타인의 행복을 위해서도 노력해야 한다고 본다. 칸트는 완전한 의무와 불완전한 의무를 구분하여 이와 같은 주장을 한다. 인간은 자신의 인간성의 완성을 위해 애쓸 '완전한 의무'를 지니고 있으며, 타인의 인간성의 완성을 도울 '불완전한 의무' 역시 지니고 있다.

대승불교에서의 이상적인 인간상을 보살이라고 한다. 보살은 산스크리스트어인 보디-사트바(bodhi-sattva)를 소리나는 대로 읽은 보리살타의 줄임말이다. 여기서 보디(bodhi)는 '깨달음'이라는 뜻이고, 사트바(sattva)는 '중생'을 뜻한다. 그래서 보디-사트바는 '깨달음을 구하는 중생' 혹은 '구도자' 정도의 뜻이다. 보살은 위로는 깨달음을 구하는 자리행(自利行)을 추구하고 아래로는 중생을 구제하는 이타행(利他行)을 추구한다. 칸트의 용어를 빌리면, 자리행은 자신 안에 있는 인간성을 완성하기 위해 노력하는 행위에 해당할 것이고, 이타행은 타인 안에 있는 인간성의 완성을 돕는 행위에 해당할 것이다. 보살이 "위로는 깨달음을 구하고 아래로는 중생을 구제한다(上求菩提下化衆生)."는 말은 먼저 깨달음에 이르고 나서 중생을 교화한다는 뜻이 아니다. 깨달음을 구하는 것 자체가 중생 교화이고, 중생 교화가 곧 구하는 것이라는 뜻이다.[36] 간단히 말하면, 보살에게는 중생 구제가 우선한다.

그동안 우리는 기술을 소비하여 욕망을 충족시키는 데 온 힘을 쏟아왔다. 기술은 한편으로 인간에게 많은 혜택을 주었다. 기술로 인해 아픈 사람의 신체적 고통이 덜어지고 좀더 건강한 삶을 살게 되고 안전한 생활이 증진되었고, 더욱이 기술을 이용해 풍요로운 삶을 누릴 수도 있었다. 그래서인지 우리에게는 기술을 맹목적으로 추종하는 경향이 있다. 그 결과 기술의 지배력은 갈수록 커져가고, 인간 소외 현상은 더욱 심해지고 있다. 과도한 욕망의 추구, 욕망에 대한 집착이 기술의 지배력을 강화시키고 있으며, 그럴수록 우리의 삶은 더욱 고통으로부터 벗어나기 어려울 것이다. 기술은 목적이 아니라 단지 수단일 뿐이다. 선한 목적을 위한 수단으로 선용될 때 기술은 우리에게 좋은 것이 된다. 선한 목적을 위해서는 레비나스의 말처럼 타인의 고통에 아파하는 마음, 타인을 진심으로 환대하는 마음, 자비로운 마음, 보살의 마음이 필요할 것이다.

초연결 사회와 무상한 존재

정보통신기술의 최근 발전은 인류 사회가 연결된 사회(networked society)를 넘어서 초연결 사회(hyper-connected society)로 나아가고 있음을 보여준다. 세상의 모든 사람과 세상 만물을 연결하는 사물인터넷이 초연결 사회를 가능하게 할 것이다.

모든 사람과 모든 사물이 네트워크로 연결되어 있는 초연결 사회에서 우리는 누구 혹은 무엇과의 연결을 끊임없이 반복한다. 이것과 연결되고 저것과 연결되고, 이렇게 관계 맺고 저렇게 관계 맺기를 되풀이하고, 간혹 새로운 연결이 추가되기도 한다. 초연결 사회에서 우

"모든 사람과 모든 사물이 네트워크로 연결되어 있는
초연결 사회에서 우리는 누구 혹은 무엇과의 연결을
끊임없이 반복한다. 초연결 사회에서 우리의 삶은
무수한 연결과 연결 패턴으로 구성된다.
이것은 마치 불교에서 말하는 연기와 비슷해 보인다.
세상에는 끊임없이 변화하는 무상함만이 있을 뿐이고
고정된 실체는 없다. 모든 것이 끊임없이 생멸하고
변화하는 가운데 서로 영향을 주고받는 것들이 거대한
인과의 사슬 속에 존재한다."

리의 삶은 무수한 연결과 연결 패턴으로 구성된다. 이것은 마치 불교에서 말하는 연기와 비슷해 보인다. 세상에는 끊임없이 변화하는 무상함만이 있을 뿐이고 고정된 실체는 없다. 모든 것이 끊임없이 생멸하고 변화하는 가운데 서로 영향을 주고받는 것들이 거대한 인과의 사슬 속에 존재한다. 이것이 있음으로써 저것이 있고, 저것은 이것 없이는 있을 수 없다.

만일 전체 네트워크를 한 화면으로 볼 수 있다면, 우리는 그 안에서 점멸하는 무수한 점들 가운데 한 작은 점으로 표시될 것이다. 이런 상상은 우리의 삶의 순간성과 무상함을 깨닫게 한다. 우리는 찰나생 하고 찰나멸 하는 존재이다. 찰나생과 찰나멸의 사이에서 우리는 수많은 관계를 맺으며 그 관계들을 통해 우리가 형성된다. 마찬가지로 네트워크 속의 점멸하는 수많은 점들은 이렇게 인접한 것들끼리 서로 연결되고 다양한 연결의 패턴을 만든다. 세상의 모든 현상은 이런 연결 혹은 연결의 패턴 이외에 다른 것이 아니다.

초연결 사회는 인류 사회에 전에 경험하지 못한 변화를 가져올 것이다. 세상이 정말 편리해질 것이다. 하지만 얼마나 많은 사람이 그 편리함의 혜택을 볼지는 모르겠다. 비관적인 예측처럼 증대된 편리함이 결과적으로 인간성에 해가 될지도 모른다. 초연결 사회로 진입함으로써 얻은 효율성과 편리함은 욕망 충족을 용이하게 하고 욕망 충족을 위해 투자되는 시간과 노력을 최소화할 것이다. 문제는 이후

사물인터넷

1990년대 초반 월드와이드웹(WWW)이 등장한 이래 이제 인터넷은 사람들 사이의 필수적인 의사소통과 정보교류의 수단이 되었다. 사물인터넷은 쉽게 말하면 세상 모든 사물을 인터넷에 연결함으로써 인터넷을 사람들 사이의 통신 수단을 넘어서 인간과 사물, 사물과 사물 간의 통신을 가능케 하는 네트워크를 말한다. 사물인터넷은 우리 주변의 모든 사물을 네트워크로 연결함으로써 세상 만물이 마치 지능이 있는 것처럼 움직이게 만들고, 그리하여 생활의 편리를 한층 더 증진시킬 것이다.

예를 들어, "집 안의 인공지능은 당신의 이메일을 읽고 당신이 착용하는 안경에 달린 퀵 링크를 통해 노란빛을 반짝이며 태블릿 컴퓨터를 가져가는 걸 깜박해서는 안 된다고 알려준다. 자동차의 인공지능인 게일은 당신이 시동을 걸 즈음 교통 상황을 점검하고 경로를 설정해 놓았다. 당신은 수동으로 직접 운전을 할지, 자동 운전 방식을 택할지 결정한다. 모든 도구, 주거지, 자동차는 당신을 감지하고 소통하며 가장 편리한 환경을 제공한다. 이것이 사물인터넷이다."[37] 세계적인 미래학자인 제임스 캔턴이 묘사한 가상의 시나리오는 사물인터넷이 구현된 미래의 한 단면을 보여준다.

사물인터넷을 통해 세상 모든 사람과 사물이 완벽하게 연결되면 초연결 사회가 도래할 것이다. 모든 것이 네트워크로 연결되고 모든 것이 네트워크 안에 있어, 인터넷을 통해 모든 사람이 서로의 생각을 교류하고 각종 스마트 기기와 소통하는 초연결 상태는 대변혁을 불러올 것이다. 캔턴은 초연결 사회를 인류 문명사에서 가장 혁신적인 사건이라고 말한다. 그는 앞으로 100년 동안 인류가 완전히 새로운 문명세계를 건설할 것으로 전망한다.[38]

가 아닐까? 그로써 남은 시간과 노력을 다른 곳에 활용할 수 있을까? 이를테면 타인의 고통에 눈을 돌릴 수 있을까? 아니면 또 다른 욕망을 찾아 헤매고 욕망의 노예가 될 것인가?

서양의 근대는 개인을 성립시켰다. 공동체의 구성원, 혹은 사회적 체제의 한 요소에 불과했던 인간을 독립적으로 존재하는 하나의 개체로 성립시켰다. 자아가 세상의 중심에 자리하고, 권리의 주체가 되었다. 이런 자아들이 모여 하나의 공동체가 구성되고 국가가 형성되었다. 국가는 독립된 개체들의 사회적 계약에 의해 발생하였으며, 국가의 주권자는 국민이라고 불리는 자아들이다. 그래서 근대는 자아, 다시 말해 내가 얼마나 대단한 존재인지를 우리 각자에게 일깨워주었다. 그러나 이런 자아는 사르트르가 말했듯이, 자유롭도록 저주받은 존재이다. 자아는 독립적이고 자유롭고 권리의 주체인 만큼 많은 짐을 짊어지고 있다. 말하자면 근대적 자아의 삶은 자유와 행복을 위해 투쟁하는 고단한 삶이다. 불교적 시각으로 말하면 근대적 자아의 삶은 고통스러운 삶이다.

포스트모더니스트적 반성을 통해서뿐만 아니라 정보통신기술을 비롯한 신생 기술들의 발전으로 인해 근대적 자아의 견고성이 의문시되고 있다. 초연결 사회에서 자아는 하나의 점에 불과하다. 우리들 각자가 세상의 중심인 것이 아니라 우리는 그냥 관계망 속의 작은 한 점에 불과한 것 같다. 기술의 발달은 여러 모로 우리의 주체성을 위협한다. 물론 이런 생각은 서양철학적 관점이다. 불교는 여기서 좀 다른 통찰을 제공한다. 우리의 삶이 거대한 인연의 사슬의 찰나적인 순간을 차지하고 있으며, 자아라는 견고한 중심점은 존재하지 않는다. 제법무아(諸法無我)인 것이다. 오늘날 정보통신기술의 발전, 도래하는 초연결 사회를 불교적 시각으로 성찰하면서 우리는 우주와 인생의 진리를 다시 한번 생각해 볼 수 있게 된다.

사물인터넷을 통해 세상 모든 사람과 사물이 완벽하게 연결되면 초연결 사회가 도래할 것이다. 모든 것이 네트워크로 연결되고 모든 것이 네트워크 안에 있어, 인터넷을 통해 모든 사람이 서로의 생각을 교류하고 각종 스마트 기기와 소통하는 초연결 상태는 대변혁을 불러올 것이다. 캔턴은 초연결 사회를 인류 문명사에서 가장 혁신적인 사건이라고 말한다. 그는 앞으로 100년 동안 인류가 완전히 새로운 문명세계를 건설할 것으로 전망한다.

4장 SETI와 '다름'에 대한 불교적 관점

외계인을 소재로 한 영화 가운데 조디 포스터 주연의 〈콘택트〉(1997)라는 영화가 있다. 그런데 이 영화에는 단 한 명의 외계인도 등장하지 않는다. 미국의 천문학자 칼 세이건(Carl Sagan)의 동명의 소설을 영화화한 〈콘택트〉는 이른바 SETI를 소재로 했기 때문이다. 광대한 우주의 신비를 쉽고 명쾌하게 보여준 TV 다큐멘터리 시리즈인 〈코스모스〉의 해설자로 대중들에게 잘 알려진 세이건은 미국 항공우주국(NASA)에서 추진한 여러 건의 행성탐사 계획에 참여했으며, 캘리포니아 패서디나에 설치된 전파 교신 장치를 통해 외계의 생명체와의 교신을 시도하기도 했다. 세이건이 시도한 외계인과의 교신은 UFO 같은 것을 상정하는 것이 아니다. 세이건은 세간에 떠도는 UFO 이야기를 혐오한다. 아무런 합리적 근거가 없는 비과학적이고 미신적인 것이라고 생각하기 때문이다. 세이건의 과학 에세이집인 『악령이 출몰하는 세상』에는 그런 세이건의 생각이 잘 드러나 있다.

SETI는 UFO 연구가 아니다

세이건이 시도한 외계인과의 교신 작업은 이른바 SETI(Search for Extraterrestrial Intelligence)라고 하는 것이다. 우리말로 하면 '외계의 지능생명체 탐사' 작업이다. 〈콘택트〉는 바로 SETI를 소재로 한 영화이다. SETI의 주요 수단은 전파망원경이다. 우리가 일반적으로 알고 있는 광학렌즈를 이용한 망원경은 광학망원경이고, SETI에 사용되는 전파망원경은 빛이 아니라 전파를 매개체로 한다. SETI는 우주에서 발생하는 전파를 수집하여 그 가운데 인공적이라고 할 수 있는 것을 찾는 것이다.

SETI의 기본적인 가정은 인류 이외에도 지능을 가진 생명체가 우주 어디엔가 존재한 적이 있다는 것이다. 그런 생명체는 인류보다 더 발달된 문명을 이룩했을 수도 있다. 만일 인류에 버금가는 혹은 인류보다 더 진보된 문명을 건설한 외계의 지능생명체가 있었다면 그들 역시 우리처럼 자신들 이외에 다른 외계생명체에 대한 호기심을 가졌을 것이고, 합리적인 수준에서 외계생명체를 탐사하려는 노력을 했을 것이다. 그런 노력 가운데 하나가 외계를 향해 전파를 발사하는 것이다. 어딘가 있을지 모르는 미래의 외계문명이 수신하기를 기대하면서.

우주는 약 140억 년 전에 처음 탄생했다고 한다. 지구는 약 46억 년 전에 생겼다. 그러니까 지구가 탄생하기 이전에도 우주에서는 약 100억 년의 시간이 흘렀다는 것이다. 우주의 기나긴 역사에서 생명, 더욱이 지능을 가진 생명이 단 한 번도 없었을 것이라고, 140억 년 우주 역사에서 인류가 유일한 지능생명체였다고 생각하는 것은 합리적인 상상이 아니다. 그러므로 SETI 연구자들의 가정은 일견 합리적이다.

우주선을 발사하여 외계생명체를 찾으려는 노력도 있지만 현재 인류의 기술력으로는 태양계 내의 행성들을 탐색하는 것도 버겁다. 최근에 화성에서 물이 발견되었다는 소식이 이어지고 있어서 화성에도 생명체가 있을지 모른다는 추측이 있다. 하지만 생명체

"칼 세이건이 시도한 외계인과의 교신 작업은 SETI라고 하는 것으로 우리말로 하면 '외계의 지능생명체 탐사' 작업이다. 이것은 전파망원경을 도구로 우주에서 발생하는 전파를 수집하여 그 가운데 인공적이라고 할 수 있는 것을 찾는 것이다. 기본적인 가정은 인류 이외에도 지능을 가진 생명체가 우주 어디엔가 존재한 적이 있다는 것이다."

와 지능생명체 사이에는 큰 차이가 있다. 박테리아 수준의 생명체가 있다고 해서 인류와 유사한 지능생명체로까지 진화한다는 보장이 없다. 그리고 지구의 역사에서만 보더라도 초기 생명에서 인류로까지 진화하는 데 40억 년에 가까운 시간이 걸렸다. SETI는 단순한 생명체를 찾는 것이 아니라 문명을 건설할 수 있는 지능생명체를 탐색한다.

우리가 우주선을 타고 태양계 밖으로 날아간다고 하더라도 외계인을 만날 가능성은 거의 없다. 지구와 유사하여 생명체가 탄생하고 진화할 수 있는 환경을 가진 행성은 지구에서 가장 가까운 것도 몇 광년이나 떨어져 있다. 우주가 끝없이 광활하고 우주의 나이가 140억 년이라는 기나긴 시간이기 때문에 인류와 같은 지능생명체가 출현하여 인류문명을 넘어서는 문명이 출현했을 것이라고 추측하는 것이다. 시간의 범위를 좁히면 그만큼 가능성은 줄어든다. 지구로부터 몇 광년 이내의 거리에 인류와 같은 지능생명체가 현재 존재할 것이라는 가정은 지극히 근거가 희박하다.

SETI는 우리와 만날 수 있는 우주인을 찾는 것이 아니라 과거에 수백만 년 혹은 수천만 년 이전에 우주 어딘가에 존재했을지 모르는 외계문명에서 우주를 향해 발사한 전파를 포착하려고 한다. 지구에는 매일매일 수많은 전파들(cosmic rays)이 우주로부터 쏟아진다. 이 전파들은 자연적으로 발생한 것들이다. 혹시 그 가운데 자연적으로 발생한 것이라고 여겨질 수 없는 것, 다시 말해 수학적 규칙에 따라 배열되어 인공적인 것이라고 믿어질 만한 것을 찾아낸다면 그것은 외계인이 보낸 메시지일 가능성이 있다. 물론 그렇다고 해도 우리는 그 외계인을 만날 수 없다. 이미 오래전에 우주에서 사라지고 없을 것이기 때문이다.

우주생명체 탐사의 역사[39)]

인간이 외계문명에 대해 관심을 가진 것은 아주 오래된 일이다. 단순히 상상에 의한 것 말고 과학적인 관점에서 접근하기 시작한 것도 몇 세기 전의 일이다. 18세기 말에 유럽에서는 외계문명을 주제로 다룬 과학 서적이 다수 출간되었다. 또한 19세기 초에 유럽인들은 혹시 있을지도 모를 외계문명과의 교신을 시도했다는 기록이 있다. 위대한 수학자 가우스(Carl F. Gauss)는 시베리아의 넓은 들판을 활용해서 달이나 지구에서 가까운 행성과 소통을 시도해보자는 제안을 했다. 가우스는 넓은 시베리아 들판에 직각삼각형 모양의 밀밭을 조성하고 그 주위에 전나무를 빽빽이 심자는 방안을 제시했다. 그렇게 하면 색깔과 형태가 뚜렷하기 때문에 달이나 지구에서 가까운 행성에 외계인이 산다면 알아볼 것이라고 상상했다. 또한 가우스는 거대한 거울을 만들어서 달에 신호를 보내는 방안도 제시했다. 19세기 말에는 니콜라 테슬라(Nikola Tesla)가 다른 행성의 생명체가 전기신호 형태의 메시지를 보내고 있을지 모른다고 상상하고 그런 신호를 포착하기 위해 애썼다.

20세기 중반에 들어와 전파천문학이라는 새로운 학문이 등장했다. 전파망원경이라는 혁신적인 도구 덕분에 우주 공간을 체계적으로 탐색하는 작업이 시작되었다. 1960년에 드디어 SETI 프로젝트의 첫 번째 시도가 시작되었다. 이른바 오즈마(Ozma) 프로젝트이다. 전파천문학자 프랭크 드레이크(Frank Drake)와 휼렛팩커드의 컴퓨터 엔지니어 버나드 올리버(Bernard Oliver)의 공동작업으로 진행된 오즈마 프로젝트는 미국 웨스트버지니아 주의 국립전파천문대에 설치된 전파망원경을 태양에서 12광년 떨어진 두 개의 별, 즉 타우 세티와 엡실론 에리다니 쪽을 향하게 하여 하루 6시간씩 7개월 동안 전파를 수신하는 작업을 진행했다. 오즈마 프로젝트는 별다른 성과를 거두지 못했다.

오즈마 프로젝트 이후에도 다양한 SETI 프로젝트들이 진행되었지만 아직까지 외계의 지적 생명체가 존재했다는 증거를 찾지 못했다. 그리고 최근 언론의 이목을 끄는 새로운 SETI 계획이 발표되어 진행되고 있다. 세계적인 물리학자 스티븐 호킹 박사와 러시아의 기업가 유리 밀러가 힘을 합해서 사상 최대 규모의 SETI 프로젝트인 브레이

크스루 리슨(Breakthrough Listen)을 진행하고 있다. 2016년에 시작된 이 프로젝트는 과거 어느 때보다 우수한 최첨단 장비를 활용해 앞으로 10년 동안 진행된다.

드레이크 방정식과 외계생명체의 존재 가능성[40)]

드레이크는 오즈마 프로젝트를 시작하고 1년 뒤인 1961년에 그 유명한 드레이크 방정식을 발표했다. 이 방정식은 우리 은하에 존재하는 교신 가능한 문명의 수를 계산하는 것으로, 우리 은하 안에 지능을 가진 생명체의 존재 가능성을 계산하는 식이다. 드레이크는 이 방정식의 해가 1만 이상일 것이라고, 다시 말해 우리와 교신 가능한 지적 문명이 우리 은하에 1만 개 이상 있을 것이라고 추정했지만, 아직까지 그런 증거는 발견되지 않았다. 사실, 각각의 변항을 어떻게 추정하는지가 방정식의 해를 구하는 데 필수적이지만, 각 변항을 추정하는데 있어서 의견이 분분했다.

최근 미국 로체스터대학의 아담 프랭크 교수가 드레이크 방정식에 대해 새로운 견해를 내놓았다. 그는 드레이크 방정식에 내재하는 세 가지 불확정성 때문에 방정식의 해를 구하는 것이 어려웠지만, 최근까지 쌓은 우주에 대한 지식 덕분에 그런 불확정성들이 충분히 완

"무한히 광활한 우주에는 우리 말고도 문명이 있었을 것이다. 드레이크는 인류와 교신 가능할 정도로 발전한 문명의 수를 추정하기 위해 드레이크 방정식을 제안하였다. 불교 사상은 멀리는 우주시대, 가까이는 인공지능시대에 인간과 여타 생명의 관계를 규정하고 반성하는 데 주요한 관점을 제시할 것이다."

화되었다고 말한다. 프랭크 교수는 그 덕분에 드레이크 방정식의 해를 좀더 정확하게 추정할 수 있게 되었고, 그에 따르면 우주에 기술이 발달한 문명이 인류밖에 없을 가능성은 100억조분의 1이라고 주장한다. 다시 말하면, 우주에는 그동안 수많은 기술문명이 존재했었다는 말이다. 하지만 프랭크 교수는 그런 기술문명이 현재에도 존재할 가능성은 희박하고 인류문명 이전에 등장했다가 이미 사라졌을 가능성이 매우 높다고 덧붙였다.

영국의 천체물리학자인 마틴 리스(Martin Rees)는 외계문명의 가능성으로 새로운 상상을 제안한다. 리스는 SETI 프로젝트를 통해 인공적인 신호를 감지할 가능성을 부정하지 않았으며, 그런 신호가 감지될 경우에 그것은 지구와 비슷한 행성의 문명에서 보내온 신호가 아니라 자유롭게 떠도는 비유기적인 뇌에서 보내온 신호일 가능성이 크다고 주장한다. 다시 말하면, 고도로 발전한 인공지능이 만들어내는 신호라는 것이다. 인간과 같은 유기체는 언젠가 사라지기 마련이지만 인공지능이나 로봇은 상상할 수 없을 만큼 긴 시간 동안 유지될 수 있기 때문이다.

그럴 가능성은 낮지만 혹시 외계문명을 발견한다면, 그래서 외계의 지능과 조우한다면 우리는 그들을 어떻게 대해야 할까? 또한 지능생명체까지는 아니라고 해도 외계생명체가 발견된다면 우리는 그것을 어떻게 취급해야 할까? 우주생물학 연구가 진전을 보이고 있어서 외계생명체가 발견될 가능성은 적지 않다.

외계인 하면 할리우드 영화 〈에일리언〉 시리즈에 등장하는 괴물이 우리 머릿속에 먼저 떠오른다. 메리 셸리의 〈프랑켄슈타인〉에서처럼 낯선 것, 우리와 다른 것에 대한 두려움과 공포는 혐오와 증오심으로 표출되었다. 불교적 관점에서 외계인 혹은 외계생명체에 대해 우리는 어떤 태도를 취할 수 있을까? 엉뚱한 질문처럼 들리지만, 지구 안으로 좁히면 우리와 다른 나라, 다른 문화의 사람들을 대하는 태도와도 관련이 있다. 또한 불교의 핵심적인 사상을 이해하는 데도 도움이 된다. 가까운 장래에 우주시대가 열리고 인간 이외의 지능적 존재가 발견되거나 출현할지 누가 알겠는가?

불교 사상은 서양적 사고와 달리 매우 포괄적이고 유연하다. 불교의 경전에 외계생명에 대한 언급은 없지만 동물에 대해 언급한 여러 구절을 통해 우리는 외계생명에 대한 논의를 유추해낼 수 있다. 불교는 생명을 지닌 모든 것이 그 생명이라는 점에서 평등하며, 또한 인

드레이크 방정식

드레이크 방정식은 우리 은하에 존재하는 실제로 교신 가능한 문명의 수를 추정하기 위해 미국의 천문학자 드레이크가 제안한 논변이다. 그러한 고도 문명의 수 N은 다음과 같은 공식으로 계산된다.

$$N = R^* \times fp \times ne \times fl \times fi \times fc \times L$$

R*: 우리 은하 안에서 지적 생명체가 발달하는 데 적합한 환경을 가진 항성이 태어날 비율
fp: 그 항성이 행성계를 가질 비율
ne: 그 행성계가 생명에 적합한 환경의 행성을 가질 비율
fl: 그 행성에서 생명이 발생할 확률
fi: 그 생명이 지적 문명의 단계까지 진화할 확률
fc: 그 지적 생명체가 다른 천체와 교신할 수 있는 기술문명을 발달시킬 확률
L: 통신기술이 있는 지적 문명이 탐사 가능한 상태로 생존해 있는 기간

드레이크는 이 방정식을 1961년에 개최된 SETI에 관한 첫 번째 과학 회의에서 제안하였는데, 원래는 우리 은하계에서 교신 가능한 외계문명의 수를 추정하기 위해서가 아니라 SETI에 관한 과학적 논의를 활성화하기 위해서였다고 한다.

드레이크 방정식은 변항들의 값을 추정하는 데 매우 억측적일 수밖에 없고, 도출된 값의 불확실성이 매우 크다는 이유로 많은 비판을 받기도 하였다.

간에서 동물까지 모든 중생이 불성을 지니고 있다고 본다. 더욱이 불성이라는 측면에서는 범부와 성인, 인간과 동물의 차별이 없다. 생명이라면 외계의 것이라도 마찬가지가 아니겠는가? 불교는 지구에만 국한된 진리를 말하는 것이 아니라 범우주적인 진리를 설하는 것이기 때문이다.

불교는 다양한 설화에서 동물이 법을 알아듣거나, 심지어 법을 설하기도 한다는 것을 보여주는데, 이런 비유는 참다운 진리의 영역에서 인간과 동물 사이에 차별이 없다는 것을 뜻한다. 가비마라 존자가 산으로 수행하러 가다 뱀을 만나 곤경에 처했을 때, 삼귀의를 일러주자 뱀이 물러 갔다는 기록이나, 영명연수 선사가 천태산에 들어가 60일 만에 『법화경』을 모두 암송하자 염소 무리들이 무릎을 꿇고 앉아 들었다는 설화 등이 그런 것들이다.

또한 불교의 윤회전생의 사상은 모든 중생이 나와 다른 것이 아니라는 불이(不二)의 가치관을 보여준다. 중생이 종을 교차하여 윤회한다는 생각은 인간이든 동물이든, 혹은 우리가 본 적이 없는 외계의 어떤 생명체이든 일체 중생 사이에 본질적인 차이와 경계가 없다는 것을 보여준다. 불이의 관점에서 보면, 부처와 중생, 고등동물과 하등동물, 인간과 외계인 사이에 다름이 없다. 생명을 지닌 모든 존재가 동일법성으로 인식된다. 생명의 종이란 영원한 실체가 아니며, 인연에 따라 일시적으로 드러나는 현상적인 모습에 불과하다.

이러한 불교 사상은 멀리는 우주시대, 좀더 가까이는 인공지능 시대에 인간과 여타 생명의 관계를 규정하고 반성하는 데 주요한 관점을 제시할 것으로 생각된다.

5장 인간의 얼굴을 한 기술과 불교경제학

근대 영국의 철학자 프랜시스 베이컨은 과학과 기술을 통해 물질적 풍요를 극대화함으로써 모두가 행복한 세상을 꿈꾸었다. 베이컨이 미완성 작품 『새로운 아틀란티스』에서 그린 벤살렘 왕국은 "아는 것이 힘이다(scientia est potentia)."라는 그의 말이 실현되어 있는 기술 유토피아이다. 오늘날 산업사회는 과학기술의 발전으로 번영하는 풍요로운 세상을 목표로 하고 있다는 점에서 베이컨의 이상을 계승하고 있다. 그런데 베이컨의 시대에는 상상도 할 수 없을 정도로 과학기술이 발전한 오늘날에 인류는 베이컨의 기대처럼 정말 잘살고 있는가? 모두가 행복한 세상을 향해 다가가고 있는가?

인류의 과학 지식은 한없이 팽창하고 기술은 급속하게 발전하고 있어 과거에 소설이나 영화, 만화영화 등에서 상상했던 것들이 하나씩 우리 문명 속에 등장하고 있다. 하지만 그런 문명의 혜택은 전체 인류의 상위 10%만의 전유물일 뿐이라고 말하는 사람들이 많다. 일례로 세계 인구가 60억 명을 돌파한 1999년에 통신망에 연결된 컴퓨터 대수는 약 1억 대에 불과했다. 컴퓨터 한 대를 한 사람으로 계산하면 인류의 98%는 정보통신기술에서 배제되어 있다는 뜻이다.

실현되지 않는 베이컨의 꿈

왜 과학기술의 전례 없는 발전에도 베이컨의 꿈은 실현되지 않은 것일까? 여러 가지 이유를 생각해 볼 수 있다. 먼저, 사람들이 과학기술을 욕망 충족의 수단으로만 이해하고 있기 때문이다. 근대 이후 인류는 기술의 발전으로 전에 없이 욕망을 충족시킬 수 있었다. 생활을 편리하게 만든 문명의 이기(利器)들이 끊임없이 쏟아져 나왔다. 우리 자신을 돌아보자. 우리는 이제 기술문명이 제공한 다양한 기계장치들, 전자 제품들이 없이 살 수 없게 되었다. 우리의 욕망은 갈수록 커지고 있으며 확장되고 있다. 모두의 행복, 인류의 공존이라는 목표로 우리를 인도하는 지혜의 조력자로서 기술을 이해했던 베이컨의 관점에서 우리는 멀리 떨어져 있다.

둘째, 과학기술이 자본의 논리에 의해 지배당하고 있다. 상업주의가 지배하는 세상에서 과학기술은 소수 자본가와 기업, 혹은 국가에 의해 장악되었다. 이들은 과학기술을 독점하며 그것을 통해 막대한 이득을 챙기는 데 몰두하고 있으며, 이를 위해 인간이 욕망을 끊임없이 부추긴다.

셋째, 인간과 기술의 관계가 뒤바뀌었다. 효율성의 극대화에만 치중한 나머지 대중의 관심은 인간과 인간성이 아니라 기술과 그것으로 얻는 이득에 붙잡혀 있다. 더욱이 전문화되고 복잡해진 기술은 이제 우리의 통제권 밖에 자리하고 있으며, 우리는 기술의 소비자로 전락하게 되었다. 기술과 인간 사이의 주객관계가 뒤바뀐 것이다.

베이컨의 벤살렘 왕국이 유토피아일 수 있는 이유는 과학기술의 혜택으로부터 소외된 사람들이 없기 때문이다. 모든 삶의 완전한 평등을 주장한 토머스 모어의 유토피아와 달리 벤살렘 왕국에는 계급이 존재한다. 특권층도 있다. 하지만 가난한 자는 없다. 자연의 지혜를 탐구하는 학자들의 목표는 특권층의 부를 증대하고 권력을 유지하기 위한 것이 아니라 모든 사람이 좀더 풍요롭게 살고, 적어도 기본적인 필요 이상을 충족시키는 것이다. 하지만 오늘날 과학기술은 오히려 사람들을 소외시킨다. 가진 자와 못 가진 자를 분리하고 계층 간 격차를 늘리고 고착시키는 데 기여하며, 소유되고 독점되어 자연이 아니라 타인에게 힘으로 작용한다.

베이컨이 "아는 것이 힘이다(scientia est potentia)"라는 문장으로 하고 싶었던 말은 자연에 대한 지식을 쌓음으로써 그 지식으로 자연에 영향(힘)을 미쳐 인간의 삶에 필요한 많은 재화를 자연으로부터 얻어낼 수 있다는 것이었다. 자연으로부터 얻어 인간이 누린다는 것이다. 하지만 오늘날 과학기술은 자연에겐 물론이고 타인에게도 힘으로 작용한다. 과학기술의 발전이 가속화될수록 국가 사이, 개인 사이의 격차는 더욱 벌어지고 있다. 사실, 기술의 발전을 이야기할 수 있는 것도 지구상 일부 국가의 국민들뿐이다. 세계 인구의 다수는 오늘날 우리가 얘기하고 있는 첨단 기술들 혹은 기술의 발전과 크게 관련이 없어 보인다.

소외된 90%를 위한 디자인

2000년대에 들어와서 지난 세기에 큰 성공을 거두지 못한 적정기술 운동이 새로운 형태로 다시 등장했다. 2007년 여름에 미국에서

"소수의 특정한 사람만을 위한 것이 아니라 모두를 위한 보편적 디자인은 좋은 디자인이다. 보편적 디자인은 어른이든 어린아이든 장애가 있는 사람이든 없는 사람이든 누구에게나 동등한 접근권을 허용하는 건물, 제품, 환경을 지칭한다. 보편적 디자인은 기술로부터 사람들을 소외시키지 않는 디자인이다."

"소외된 90%를 위한 디자인" 전시회가 열렸다. 국립박물관인 뉴욕의 쿠퍼-휴잇박물관에서 개최된 이 전시회에는 특이하게도 전 세계 빈민들을 위한 디자인 36종이 소개되었다. 페달 펌프, 저가 정수장치, 사탕수수 잎으로 만든 숯 등이 전시되었다. 전시회를 기획한 것은 적정기술 운동가인 폴 폴락(Paul Polak)이다. 폴락은 전 세계 디자이너의 90%가 고작 10%의 부유한 고객의 욕망을 충족시키는 물건들을 개발하는 데 몰두하고 인류의 나머지 90%를 소외시키는 현실을 안타깝게 생각하였다. 그래서 소외된 90%를 되돌아보고 그들을 위한 디자인에 투자하는 방향으로 시선을 변경하는 디자인 혁명을 주창하고 나섰다. 이른바 "소외된 90%를 위한 디자인 운동"을 주도하였다.

2007년의 전시회는 사람들이 현실을 바로 인식하고, 부자 나라 사람들도 가난한 사람들을 위한 디자인에 관심을 기울이도록 촉구하려는 것이었다. 폴락은 디자인 혁명을 실현하기 위해 디-레브(D-Rev: '디자인 혁명'을 뜻하는 말)를 설립하였다. 디-레브는 가난한 사람들이 빈곤을 물리칠 수 있도록 지구상의 가난한 90%를 돕는 디자인 기술 혁명을 목표로 하고 있다. 디-레브는 하루 4달러 미만으로 생활하는 빈곤한 사람들의 건강과 수입 증진을 위해 소외된 90%를 위한 시장 지향적 제품을 설계하고 제공할 수 있도록 돕는 기술 인큐베이터 회사이다.

디자인 혁명은 타인의 고통으로부터 눈을 돌리지 않을 때, 욕망의 추구로부터 일정하게 거리를 둘 수 있을 때, 타인의 삶을 자비의 마음으로 바라볼 때 비로소 시작될 수 있다. 오늘날 오염된 식수로 인해 고통받고 사망하는 이들이 얼마나 될지 생각해본 적이 있는가? 우리야 정수기를 비롯해서 상수도 시설, 생수 등이 있으니 오염된 물을 먹을 이유가 없다. 혹시라도 상수도가 오염되어 사람들이 오염된 물을 먹게 되었다면 사회적으로 커다란 파장이 일어났을 것이다. 하지만 전 세계에는 우리가 상상할 수 없을 만큼 오염된 물을 식수로 이용할 수밖에 없는 사람들이 예상외로 많다. 통계에 의하면 2007년에 하루 약 6천 명꼴로 오염된 식구로 인해 사망했다. 이들이 정수기를 이용할 수 있었다면, 그 나라에 상수도 시설이 되어 있었다면 그런 일은 벌어지지 않았을 것이다. 하지만 이들에게 정수기는 구경조차 할 수 없는 문명의 이기이며, 설령 정수기가 있다고 하더라도 대부분의 경우 아무짝에도 쓸모없는 물건일 것이다. 전기를 사용할 수 없기 때문이다. 우리가 아는 정수기는 잘사는 나라 사람들, 기술과 디자인을 독점하고 있는 지구상 10%의 사람들을 위한 물건이다.

착한 디자인과 보편적 디자인

베스터가르드 프랑센(Vestergaard Frandsen)에서는 소외된 90%를 위한 정수기를 설계했다. 생명빨대(Lifestraw)라고 불리는 이 정수기는 1인용 정수기로 개당 약 700리터를 정수할 수 있다. 700리터면 한 사람이 1년 동안 소비하는 식수의 양으로 부족하지 않다. 생명빨대는 크기가 작아 목에 걸고 다닐 수 있어 어디서든지 오염된 물을 안전한 물로 바꿔준다. 사용법도 쉽고 직관적이다. 생명빨대로 물을 빨아들이면 필터를 통해 살모넬라, 시겔라, 엔테로코커스, 스타필로코커스와 같은 유해한 세균을 99.9%, 바이러스를 약 98.7% 차단해준다. 생명빨대의 또 하나 중요한 특징은 가격이 매우 싸다는 것이다. 이 장치는 시장을 위해 생산된 것이 아니라 인간을 위해 생산된 것이다. 생명빨대는 2007년 쿠퍼-휴잇박물관 전시회를 기념하기 위해 출간된 『소외된 99%를 위한 디자인』이라는 책의 표지 사진으로도 사용되었다.

디자인 혁신의 또 하나 좋은 사례가 큐드럼(Q-drum)이다. 지구상의 가난한 지역에서 가장 고통받는 부류는 아마 아이들일 것이다. 가난과 열악한 환경은 아이들에게는 더 견디기 힘든 것일 수 있다. 아프리카 등 식수가 부족한 지역에서 가족을 위해 물을 길어 오는 일은 아이들 몫이다. 그런 지역의 아이들은 아주 어릴 때부터 몇 킬로미터 떨어진 곳까지 가서 물을 길어 나른다. 커다란 물통에 담긴 물의 무게와 먼 거리는 아이들에게 견디기 힘든 신체적 고통을 준다. 당연히 가족에게 충분한 양의 물을 길어 나를 수도 없는 일이다. 큐드럼은 이런 상황을 적극적으로 해결해준 디자인 혁명의 사례이다. 큐드럼은 가운데가 파인 드럼 통 모양으로 설계된 물통인데, 물을 담은 후에 마개를 닫고 끈이나 막대를 물통의 가운데 끼워 넣어 굴리며 끌고 가거나 밀고 갈 수 있다. 이제 아이들은 한결 수월하게 많은 양의 물을 운반할 수 있게 되었다.

소외된 90%를 위한 디자인은 가난한 사람, 고통받는 사람, 소외된 사람의 고통과 궁핍을 외면하지 않고 직시한다는 점에서 선의(good will)에서 시작된 것이다. 그래서 이런 디자인을 착한 디자인이라고도 부를 수 있는 것이다.

소외된 90%를 위한 디자인과 유사한 개념으로 보편적 디자인(Universal Design)이라는 것이 있다. 보편적 디자인은 어른이든 어린 아이든 장애가 있는 사람이든 없는 사람이든 누구에게나 동등한 접근권을 제공하는 건물, 제품, 환경을 지칭한다. 보편적 디자인이라는 용어는 건축가인 로널드 메이스(Ronald L. Mace)가 고안하였고, 『장애인을 위한 설계(Designing for the Disabled)』(1963)를 쓴 셀윈 골드스미스(Selwyn Goldsmith)가 장애인을 위한 접근의 한계를 해방한 디자인이라는 개념으로 확정하였다. 현재는 신체 장애인이나 고령자에게 장애를 없앤 디자인(Barrier Free Design)의 개념에서 확장되어 사회 구성원 모두에게 장애가 없는 디자인이라는 개념으로 확대되어 사용되기도 한다. 계단이나 턱이 없는 완만한 출입구, 쥐고 돌리기보다는 밑으로 눌러 여는 방식의 문손잡이, 내리고 올리는 작은 스위치 대신 커다랗고 평평한 전등 스위치, 버튼이나 터치 방식의 조절기 등이 보편적 디자인의 사례이다.

'인간의 얼굴을 한 기술'

이렇게 보면, 그동안 우리는 기술을 소비하고 욕망을 충족시키는 데 급급하여 우리 문명에서 기술이 어떻게 소비되고 분배되는지, 누구를 위한 기술인지, 기술에서 소외된 사람이 얼마나 있는지 살피는 일에 관심을 두지 않았다. 기술을 힘으로 인식하여, 기술의 힘을 얻으려고 애쓰기만 했지 기술의 혜택이 누구에게나 골고루 미치게 하려고 시도하지 않았다. 문명의 시초부터 기술은 언제나 인류 문명의 토대 가운데 하나였다. 하지만 기술은 인간에게 혜택을 줄 뿐이고 그 혜택을 누가 받을지, 얼마나 많은 사람들이 받을지를 결정하는 것은 인간이었다.

중간기술의 개념을 창안한 에른스트 슈마허(Ernst Schumacher)는

『작은 것이 아름답다(Small is beautiful)』(1973)라는 책에서 주류 경제학을 비판하고 인간 중심의 경제, 즉 인간을 위한 경제를 주장하며, 사람들이 '인간의 얼굴을 한 기술'[41]에 관심을 가질 것을 촉구했다. 가난한 나라 사람들에게 필요한 기술이 바로 '인간의 얼굴을 한 기술'이다. 오늘날 기술은 대량 생산과 대량 소비를 목표로 한다. 막대한 자원이 전 세계적으로 이동하고 있으며 후진국의 자원이 선진국으로 이동하여 상품화된 다음 전 세계 시장에서 유통된다. 가난한 나라는 이와 같은 방식으로 생산하고 소비할 수 없다. 또한 슈마허에 따르면, 이런 방식은 올바른 생산과 소비의 방식이 아니다. 대량 생산을 위해 기계에 의존하고, 인간은 생산 현장으로부터 즉 노동으로부터 소외되어 단순히 소비자로 전락하고, 과도한 소비로 욕망은 과잉 상태를 이어가고 지구는 병들어 간다. 슈마허가 말하는 인간의 얼굴을 한 기술은 지나치게 기계에 의존하고 자동화하여 인간의 손과 머리를 쓸모없게 만든 기술이 아니라 인간에게 노동을 되찾아주고 노동의 값진 의미를 깨닫게 해주는 기술이다.

인도의 사상가 마하트마 간디는 대량 생산이 아니라 대중에 의한 생산만이 세상의 가난한 나라 사람들에게 도움이 된다고 보았다. 대중에 의한 생산은 누구나 갖고 있는 귀중한 자원인 현명한 머리와 능숙한 손을 일차적인 도구로 사용한다. 또한 가장 합리적인 경제생활, 즉 그 지역의 자원을 이용해서 그 지역에 필요한 것을 생산할 수 있게 한다. 슈마허에 따르며, 대량 생산기술은 본질적으로 폭력적이며, 자연을 파괴하고 재생되지 않는 자원을 낭비한다. 더욱이 인간의 본성을 망쳐 놓는다. 대중에 의한 생산기술은 우리가 가진 지식과 경험을 십분 활용할 수 있게 하고, 자연과 인간이 더 잘 공존할 수 있게 하며, 희소 자원을 낭비하지 않고, 인간을 기계에 대한 종속으로부터 해방시킨다.

슈마허의 불교경제학

인간 본성과 노동의 관계를 잘못 이해하여 대량 생산과 대량 소비에 치중한 나머지 인간을 소비 기계로 전락시키고 생산성과 효율의 극대화를 위해 자연을 파괴하고 인간을 소외시킴으로써 인류문명을 위기로 몰고 온 주범으로 근대 자본주의 경제학을 지목한 슈마허는 불교의 팔정도(八正道)에서 불교경제학의 단초를 발견한다. 슈마허는 불교적 인간관과 노동관에 불교경제학의 핵심이 포함되어 있으며, 그것을 통해 근대 자본주의 경제학을 비판하고 인간과 노동을 올바로 바라보고 과학기술을 이해하는 새로운 시각을 제시한다.

불교경제학은 노동을 보는 관점에서 근대 자본주의 경제학과 다르다. 노동을 생산을 위한 수단에 불과한 것으로 보지 않고 인간 본성에 뿌리를 두고 있는 것으로 이해한다. 슈마허가 이해하는 불교적 관점에 따르면, 노동에는 세 가지 중요한 역할이 있다. 인간은 노동을 통해 자신의 능력을 발휘하고 향상시킬 기회를 얻으며, 다른 사람들과 함께 공동의 임무를 수행함으로써 자기중심성에서 벗어날 수 있도록 훈련되고, 생활에 필요한 재화와 서비스를 만들어낸다.[42)]

오늘날 논의되고 있는 '좋은 노동'은 슈마허가 말하는 노동과 맥락을 같이하는 것으로 보인다. 좋은 노동이란 비인간화 과정을 극복한 노동, 인간화를 실현한 노동이다. 다시 말해, 주체적인 노동, 자유롭고 창조적인 노동, 동기와 결과가 개인의 이기심을 극복한 사회적 노동을 기본 조건으로 하는 것이 좋은 노동이다. 이런 노동은 노동하는 사람의 능력 향상과 인간관계의 성숙에 기여한다. 결론적으로 노동은 인간 본성과 관련되어 있으며, 우리는 노동을 통해 인간성의 완성을 꾀할 수 있다.

불교의 관점에서 인간의 모든 행위는 이고득락(離苦得樂)의 열반을 지향한다. 이 맥락에서 노동 역시 열반을 목표로 하며, 그런 점에서 노동은 궁극적으로 불교적 수행의 한 방편이라고 할 수 있다. 불교에서 출가자의 노동과 재가자의 노동은 약간 다른 의미를 지니다. 출가자는 수행을 통해 열반을 얻는 것이 궁극 목표이므로 이를 방해할 만한 요소를 모두 제거하는 삶을 추구한다. 반면에 재가자는 가족 부양의 책임과 출가자 외호의 의무를 지고 있다. 이것은 재가자가 열반을 목표로 수행할 수 없다는 뜻이 아니다. 오로지 수행에만 정진하는 것이 아니라 가족과 더불어 세상 속에서 사는 삶을 동시에 유지하고 있으므로 그에 필요한 일을 해야 한다는 뜻이다. 이런 맥락에서 많은 불교 경전에서 출가자의 육체노동을 금지하는 계율이 발견된다. 이것은 노동 자체가 나쁜 것이기 때문이 아니라 수행에 가장 큰 장애가 되는 것이 탐욕인데, 육체노동을 통한 생산 활동이 탐욕을 일으킬 우려가 있기 때문이다. 과거에도 출가공동체에서 생활에 필요한 것을 얻기 위해 최소한의 노동은 금지되지 않았다.

석가모니도 『숫타니파타』에서 자신을 '마음 밭(心田)을 가꾸는 농부'로 설명하시면서 노동을 귀하게 여시시고 있음을 보여주었다. 출가수행에 대해 육체노동과 다르지 않으며 해탈에 이르는 신성한 정신노동이라고 말씀하신 것이다. 불교는 재가자에게 노동을 적극 장려하고 있고, 노동하지 않고 게으른 것을 부정적으로 본다. 『선생경(善生經)』에서 보면, 게으름은 재산을 잃는 주요 원인이라고 지적하고 열심히 일하는 것의 중요성을 강조한다. 이 경전에 다음과 같은 구절이 있다. "어떤 것이 정근(情根)인가. 그 직업을 따라 가계를 세워 생활하는 것이다. 혹은 왕의 신하가 되거나 혹은 농부가 되거나 혹은 치생(治生)을 하거나 혹은 목자가 되거나 그 업을 따라 괴로움을 싫어하지 않고, 또 춥거나 덥거나 바람이 불거나 비가 오거나 배가 고프거나 목이 마르거나, 또 모기, 깔다귀, 파리, 벌 때문에 괴로

"슈마허의 불교경제학은 소박함과 비폭력을 기본 정신으로 한다. 소박함이란 최소한의 소비로 적정한 만족을 달성하는 것이다. 비폭력이란 타인과 자연 모두에 대한 태도이다. 살아 있는 모든 것은 생명을 지니고 있다는 점에서 모두 동등하게 고귀한 것이다. 불교는 기본적으로 자리이타(自利利他)의 정신을 내세우고 있으며, 경제 생활에 있어서도 마찬가지이다."

움이 있을지라도 그 업을 버리지 않고 그 업을 성취하기 위하여 애써 나아가는 것을 정근이라고 한다."

소박함과 비폭력의 정신으로

슈마허의 불교경제학은 소박함과 비폭력을 기본 정신으로 제시한다. 소박함이란 최소한의 소비로 적정한 만족을 달성하는 것이다. 인간의 기본적인 욕구인 선욕을 만족시키기 위한 소비는 불가피하다. 소비를 극대화하는 자본주의적 방식은 그 이상의 욕망을 자극하는데, 이런 욕망은 불가피하지 않으며, 인간에게 해가 될 뿐이다. 비폭력이란 타인과 자연 모두에 대한 태도이다. 살아 있는 모든 것은 생명을 지니고 있다는 점에서 모두 동등하게 고귀한 것이다. 근대적인 세계관을 자연을 대상화하여 우리의 욕망을 충족시키는 수단으로만 삼았기 때문에 황폐한 자연과 환경의 위기가 초래된 것이다. 생산과 소비 활동, 기술의 활용은 타인을 해롭게 하는 방식이어서는 안 된다. 더 나아가서, 불교적 관점을 택한다면 이런 행동을 통해 타인을 이롭게 할 수 있어야 한다. 불교는 기본적으로 자리이타(自利利他)의 정신을 내세우고 있으며, 경제 생활에 있어서도 마찬가지이다.

우리는 오늘날 최첨단의 기술이 떠받치고 있는 문명 위에서 삶을 꾸리고 있다. 물질적으로 더욱 풍성해지고 있는 듯하지만 정신적으로는 피폐해지고 있다. 이 점은 우리 자신을 되돌아볼 시간을 조금만 가져보면 느낄 수 있을 것이다. 그리고 부자 나라들은 더욱 부유해지고 가난한 나라들은 더욱 가난해지고 있다. 과학기술로 모두가 행복한 유토피아를 건설해 보려는 베이컨의 야망은 한낱 꿈에 불과한 것일까? 적어도 과학기술의 혜택이 더 많은 사람들에게 돌아가게 할 방법은 없을까? 오래전에 슈마허는 이 문제를 고민했다. 최근에 폴락과 같은 이들도 이 문제를 다시 고민하고 있다. 이제 더 많은 사람들이 이 문제에 대해 고민할 필요가 있다고 생각한다. 불교적 관점에서 보면 이 문제와 관련해서 할 말이 많아 보인다.

적정기술

적정기술(Appropriate Technology)은 '저개발국의 저소득층을 위해 개발된 기술로, 빈곤상황에서 오는 근본적인 문제 해결에 기여할 수 있는 국제개발의 대안적 방법' 이다. 오늘날 국가 간의 빈곤 문제는 매우 심각한 지경이다. 선진국 부유층의 호사스러운 한 끼 식사비용이면 빈곤 국가에서는 한 가족의 1년 생활비를 웃돌기도 한다. 빈곤국 사람들은 기본적인 의료는 고사하고 기본적인 생활도 어려워 생존이 위협받고 있다. 이들의 삶은 개선될 기미가 쉽게 보이지 않으며, 선진국의 문명을 이끌고 있는 과학기술은 마치 유토피아의 이야기와 같다. 그런데 선진국 사람들의 삶은 욕망을 과잉 추구하는 경향이 심하고, 이에 따라 과학기술과 지식이 올바로 활용되고 있다고 보기 어려운 면도 있다. 선진국에서는 쓸모 없어 보이는 지식과 과학기술이 빈곤국에서는 삶을 증진시키고 생활을 개선시키는 훌륭한 수단일 수 있다. 적정기술은 바로 이런 기술들을 개발도상국에 적용한 것이다.

적정기술은 고액의 투자 없이 현지의 재료와 기술로 생산하고 이용할 수 있는 기술로서 기술로부터 소외된 가난한 90%를 위한 것이다. 적정기술은 선진국의 하이테크놀로지(High Technology)처럼 높은 수준의 기술이 아니라, 가난한 나라의 환경과 욕구에 더 적합한 기술이기에 기업들에 의해 투자되지 않는다. 그렇기 때문에 기술 개발의 여건이 부족한 개발도상국에서는 이를 활용하기가 쉽지 않다. 하지만 국제 구호기구와 사회적 기업들이 적정기술의 개발과 보급에 힘을 쏟고 있다. 국내에서도 적정기술을 연구 개발하는 단체와 사회적 기업들이 소수 있으며, 매년 적정기술에 관한 경진대회도 열리고 있다.

6장 기술 유토피아와 불교의 정토 사상

약 400년 전에 영국의 철학자 프랜시스 베이컨이 쓴 『새로운 아틀란티스』(1627)라는 미완성의 책이 출간되었다. 여기서 베이컨은 자신이 생각하는 이상적인 세상을 제시했다. 사람들은 오래전부터 이상적인 세상에 대한 희망을 간직하고 있었다. 고대 그리스 철학자 플라톤은 지혜의 완성자인 철학자가 통치하는 세상을 희망했고, 16세기 영국의 인문주의자 토머스 모어는 모든 사람이 평등한 평화의 섬 유토피아를 이야기했다. 베이컨은 이들과 다른 이상사회를 꿈꾸었다.

과학기술로 이룬 풍요의 섬 벤살렘

베이컨의 유토피아는 형식적으로는 왕이 다스리는 일종의 계급사회였다. 하지만 거기에는 이전의 다른 유토피아와는 다른 점이 있었다. 한 마디로 말하면 과학기술로 무장한 사회였다. “우리는 이 동굴들을 하부세계라고 부릅니다. 이 동굴들은 사물의 응고, 경화, 냉동, 보존에 사용됩니다. … 다양한 재료를 혼합해서 새로운 인조 금속과 물질을 만들어 여러 해 동안 보관하기도 합니다. … 이 물질로 때때로 질병을 치유하고 생명을 연장하기도 합니다. … 천국의 물이라고 하는 물이 있습니다. 이 물은 건강과 수명 연장에 특효가 있지요.”[43] 베이컨의 『새로운 아틀란티스』의 내용의 일부이다. 이곳은 갖가지 과학기술이 발달해서 자연을 활용하고 제어하는 데 있어 전례 없는 수준에 도달해 있었다.

베이컨의 유토피아인 벤살렘 왕국에는 거대한 목욕탕이 있는데, 인체에 유익한 여러 광물질이 함유된 물로 채워져 있다. 여기에서 목욕을 하면 질병이 치유되고 근육과 신체의 주요 부위가 튼튼해지며,

"유토피아는 인류가 꿈꾸는 이상적인 세상이다. 고대 그리스 철학자 플라톤은 지혜의 완성자인 철학자가 통치하는 세상을 희망했다. 16세기 인문주의자 토머스 모어는 모든 사람이 평등한 평화의 섬 유토피아를 꿈꾸었다. 프랜시스 베이컨은 과학기술의 발전으로 이룩되는 풍요로운 세상을 상상했다."

혈액 순환에도 도움이 된다고 한다. 또한 과수원과 정원에는 온갖 과실과 화초가 재배되는데, 열매가 맺고 꽃이 피는 시기를 조절할 수 있다. 농업기술이 발달해서 씨앗 없이 배양토의 혼합만으로 다양한 식물을 성장시키는 방법도 알고 있다.

생물학은 더 뛰어나다. 온갖 짐승과 새들의 해부를 통해 인간 육체에 대해 많은 것을 알아냈다. 어떻게 생명이 유지되고 죽음에 이르게 되는지 알아냈으며, 겉보기에 죽은 것처럼 보이는 부분을 소생시키는 기술도 개발했다. 동물의 크기를 마음대로 조절할 수 있으며, 동물의 발육을 지체시키거나 성장을 멈추게 할 수도 있다. 동물의 피부색이나 모양도 얼마든지 다르게 할 수 있다. 이 내용은 오늘날의 생명공학을 연상시킨다.

벤살렘 왕국은 특히 의식주와 생활에 필요한 물품에 있어서는 부족함이 없는 곳이다. 그곳에는 다양한 음료수와 빵, 고기 제조법이 있다. 어떤 음료수는 40년 동안이나 저장할 수 있다고 한다. 한번 먹으면 오랫동안 먹지 않아도 배가 고프지 않은 고기, 빵, 음료수가 있다고 한다. 또한 육체를 좀더 강하게 하고 보통 때보다 더 힘이 세지게 하는 식품도 있다.

벤살렘은 공학기술도 매우 발달했다. 온갖 기계들이 있어서 생활에 필요한 물품을 다양하게 생산할 수 있다. 태양과 천체의 열을 모방한 발열장치를 갖고 있다. 그곳은 열과 빛에 대한 상당한 수준의 제어력을 갖추고 있어서 에너지 문제가 없는 곳이다. 온갖 종류의 보석과 광물들이 있는데, 세상에서 희귀한 천연 광물과 인조 광물들이 많다.

베이컨의 벤살렘 왕국은 과학기술 위에 건설된 새로운 문명처럼 보인다. 과학기술이 극도로 발달함으로써 가능해진 풍요와 번영이 만들어낸 살기 좋은 세상 말이다. 오늘날 지구의 기술선진국들이 꿈꾸는 세상이 이런 세상이 아닌지 모르겠다. 낙관적인 미래학자들은 20세기 후반에 등장하기 시작한 신생 기술들, 이를테면 나노기술, 생명공학, 정보통신기술, 인지신경과학, 첨단 로봇공학 등에 많은 기대를 걸고 있다. 이런 기대는 과학혁명의 시기에 유럽인들이 과학기술에 걸었던 기대와 유사할 듯싶다. 17세기부터 베이컨 이외에도 과학기술을 토대로 건설된 유토피아 사회를 꿈꾼 이들이 다수 있었다. 대표적으로 『태양의 도시』(1629)를 쓴 캄파넬라와 『기독교 국가』(1619)를 쓴 앙드레 같은 이들이다. 이들이 묘사한 유토피아에는 갖가지 발명품들이 등장하며, 그곳은 종교와 과학이 조화를 이룬 이상적인 사회였다.

신생 기술과 유토피아

오늘날 사람들이 신생 기술에 대해 거는 기대감은 유토피아적 상상력을 자극하고도 남는다. 예컨대 나노기술이 과학자들의 기대만큼 성공을 거둔다면 우리가 사는 세상에는 많은 변화가 일어날 것이다. 나노기술이 의료 분야에 적용되어 나노의학이 본격적으로 발전하게 되면 인간은 질병과 수명을 제어할 수 있게 될 것이다. 약물전달체계가 혁신적으로 개선되어, 필요한 약물을 필요한 양만큼 원하는 지점에만 투약할 수 있게 될 것이다. 나노봇이 우리 몸의 방어체계의 중심이 될 것이다. 만일 세포수복 기계가 등장한다면 노화되거나 손상된 세포를 재생할 수 있게 될 것이다. 나노기술의 발전은 냉동인간 시술을 가능하게 할 것이다. 2016년 말 현재 알코어생명연장재단에서 냉동 보관중인 149명의 냉동인간이 깨어날 수 있는 길이 열릴 것이다.

인공지능과 로봇공학이 오늘날과 같은 속도로 발전한다면 멀지 않은 미래에 지금과는 다른 세상이 펼쳐질지 모른다. 최근 발전을 보면 인간의 육체노동뿐만 아니라 정신노동까지 인공지능이 인간을 대신할 것으로 보인다. 비관적인 예측가들은 인공지능으로 인해 인간의 일자리가 크게 줄어들어 사회적인 갈등이 커질 것이라고 말한다. 하지만 인공지능의 발전을 긍정적으로 바라보는 사람들도 있다. 로봇으로 인해 인간이 노동으로부터 해방될 것이라는 전망 때문이다. 로봇이라는 용어를 고안한 체코의 극작가 카렐 차페크의 희곡 〈로숨의 유니버설 로봇〉에서는 로봇이 인간의 노동을 대신하는 세상이 그려져 있다. '로봇'의 어원이 된 체코어 '로보타'는 본래 노예노동을 의미했다. 인공지능과 로봇공학의 발전으로 기계가 모든 노동을 담당하고, 그로 인해 비약적으로 향상된 생산성으로 말미암아 넘치는 풍요를 세상 사람들이 함께 누리며, 인간은 여가와 순수한 정신 활동에 모든 에너지를 쏟는 세상이 도래하기를 기대하는 사람들도 있다.

기술 유토피아를 꿈꾼 20세기의 작가 벨라미는 『뒤를 돌아보며』(1951)라는 책에서 자유, 평등, 박애라는 휴머니즘의 이상이 실현된 사회를 그렸다. 그는 비록 상상 속이지만 관대함, 이타성, 동정심 등 긍정적인 인간 본성이 보편적으로 육성되고 분쟁과 질투, 폭력과 사기가 근절된 세상을 꿈꾸었다. 그런데 인간의 부정적 특성이 사라지고 긍정적인 본성이 육성된 상태는 오늘날 트랜스휴머니스트들이 꿈꾸는 미래와 비슷하다. 도덕공학을 주장하는 페르손(I. Persson)과 사불레스쿠(J. Savulescu)는 기술에 의해 인간의 성격을 개조함으로써 인류가 위기를 극복하고 더욱 번성할 수 있다고 주장한다. 벨라미는 생각하지 못했겠지만, 유전공학, 생명공학, 신경과학 등을 활용해서 페르손과 사불레스쿠의 생각을 실현시킬 날이 올지 모른다. 그러면 기술을 통해 인간의 사악한 마음을 모두 제거한 세상이 도래할 것이다.

기술 유토피아의 단견

기술 유토피아를 꿈꾸는 사람들은 인간을 자연적 존재 이상으로 취급하지 않는 듯하다. 인간도 다른 동물처럼 먹고 마시고 잠자고 욕망하는 존재이다. 기본적인 욕구의 충족은 매우 중요하다. 하지만 그것만으로 행복할 수 있을까? 베이컨이 풍요의 땅 벤살렘을 꿈꾼 것은 시대적인 배경을 살펴보면 당연해 보인다. 16세기 영국 사회의 빈곤은 극에 달했다. 엔클로저 운동으로 삶의 터전에서 쫓겨난 사람들은 도시로 이주했지만 굶주림과 싸워야 했다. 그들은 도적이 되어 체포되어 죽느냐, 아니면 굶어 죽느냐, 양자택일의 절망적인 생활에 직면해야 했다. 이에 토머스 모어는 『유토피아』라는 책을 통해 지옥 같은 현실로부터의 탈출구를 상상했다. 어찌 보면 베이컨은 좀더 현실적인 대안을 제시한 것이다. 과학기술을 발전시켜 생산성을 향상시키면 풍요가 증대될 것이고, 그러면 빈곤 문제가 해결될 것이라고 본 것이다.

종래의 유토피아는 사회 제도와 인간성의 계발에 초점이 맞추어져 있었다. 선량한 인간들이 사는 세상, 인간 본성의 조화로운 발전이 이루어진 세상, 인간의 도덕적 본성이 만개한 세상이라면, 그곳이 유토피아라고 생각했다. 그런데 모든 사람이 계몽된 시민이 되고, 동양적으로 표현하면 군자나 성인이 되는 세상이 가능할까? 그래서 유

"서양의 유토피아에 대응하는 것으로 불교에서는 극락정토를 이야기한다. 나중에 아미타불이 된 법장은 모든 중생이 행복하게 살 수 있는 불국토를 염원하였고, 오랜 수행으로 완성하였는데, 그것이 바로 서방 정토이다. 불국정토에서 다시 태어나기 위해서는, 아미타불을 향해 염원하고 선업을 쌓으며 마음을 정진해야 한다."

토피아라고 하는 것인가 보다. 유토피아(utopia)라는 말은 원래 중의적인 기원을 갖는데, 에우토포스(eutopos)이기도 하고 오우토포스(outopos)이기도 하다. 에우토포스는 좋은 세상을 말하는 것이고, 오우토포스는 어디에도 없는 세상을 뜻한다.

기술 유토피아는 과학기술을 토대로 한 풍요로운 세상이다. 물질적 결핍이 경쟁과 갈등을 유발하는 원인이므로 풍요가 극대화되면 경쟁이 사라지고 갈등은 극도로 줄어들 것이다. 베이컨은 자연에 관한 지식을 축적하여 자연에 대한 지배력을 증대시킴으로써 물질적 풍요를 이끌어내는 방식을 택했다. 그래서 벤살렘 왕국의 실질적인 통치 세력은 솔로몬학술원의 회원들이다. 과학자들인 이들은 끝없는 자연탐구와 실제적인 응용으로 인간 세상에 필요한 모든 것을 만들어낼 수 있는 사람들이다.

그런데 인간이 행복하지 못한 것이 물질적 결핍 때문만일까? 그렇다면 부자인 사람들은 모두 행복해야 하는데, 실제로는 그렇지 않은 것 같다. 사람들의 욕심은 끝이 없기 때문에 물질적으로 아무리 풍요로워져도 욕심을 감당할 수는 없지 않을까? 오늘날 세상은 과거 어느 때보다 물질적으로 풍요로워졌지만, 가난하고 헐벗은 사람들은 여전히 존재하며, 어떤 면에서는 줄어들지 않고 있다는 사실이 이를 입증하는 듯하다. 물질적 만족은 행복의 기본 조건이기는 해도 그것만으로는 충분하지 않은 듯하다.

기술 유토피아는 지나치게 낙관적인 견해가 아닐까 하는 의구심이 든다. 또한 외적 조건의 변화만으로 행복이 가능하다면, 행복은 우연적인 것이 될 것이다. 행복의 조건은 타고난 것이 될 것이다. 그리고 행복은 타인과의 경쟁을 통해 쟁취해야 하는 것일지 모른다. 그러면 나의 행복을 위해서는 타인의 불행을 모른 체할 수밖에 없는 상황들이 존재하게 될 것이다. 남을 불행하게 만들면서 내가 행복할 수 있을까? 외적 조건에 의존하는 행복은 일시적이지 않을까?

아미타불이 건설한 불국정토

서양의 유토피아에 대응하는 것으로 불교에서는 극락정토를 이야기할 수 있을 것 같다. 나중에 아미타불이 된 법장은 모든 중생이 행복하게 살 수 있는 불국토를 염원하였고, 오랜 수행으로 완성하였는데, 그것이 바로 서방 정토이다. 그곳에서 태어나는 중생은 한결같이 훌륭한 몸을 가지고 있고 잘난 이와 못난이가 따로 없다고 한다. 그곳은 무량수 부처님이 다스리는 곳으로 끝없는 기쁨의 땅이다. 그 세계에서 무혹의 뿌리가 근절되었기 때문에 탐하고 성내고 어리석은 데서 오는 괴로움, 즉 삼독이 없다.[44]

정토사상을 설법한 『무량수경(無量壽經)』에 보면, 어리석기 그지

도덕공학

옥스퍼드대학의 페르손과 사불레스쿠는 기술적 능력 향상의 수단을 도덕적 영역에 적극 활용할 것을 주장하는데,[45] 도덕적 능력을 기술적 수단을 통해 향상시키기 때문에 도덕공학(virtue engineering 혹은 moral engineering)이라고 한다. 도덕공학은 인류의 도덕적 본성을 개조하여 인간 개인의 삶을 더 나은 것으로 만들고, 이 세상을 더 살기 좋은 세상으로 만드는 것을 목표로 한다. 페르손과 사불레스쿠는 전 지구적 위기에 직면한 오늘날의 인류는 도덕적 악덕을 제거하지 않으면 생존의 위기에서 벗어날 수 없다고 본다. 기술적 수단을 활용해서라도 인류의 생존에 유익한 미덕을 강화할 필요가 긴급하다는 것이 그들의 진단이다.

페르손과 사불레스쿠에 따르면, 인류의 악덕에는 다음과 같은 것들이 있다. 우리는 낯선 이에게는 인색하게 굴고, 친족에게는 점잖게 행동하며, 할 수 있다면 남을 속인다. 인간은 해를 입지 않는 것을 이득을 보는 것보다 중시하는 뚜렷한 경향을 보인다. 가족이나 친구와 낯선 사람을 철저하게 구분하며, 우리의 교제 범위를 가까운 사람으로 제한하고 가까운 미래에 우리의 관심을 집중한다. 인간은 나쁜 결과를 불러오는 행위를 했을 때는 책임을 느끼지만, 우리가 속한 집단이 그런 행위를 했을 때는 책임을 덜 느낀다. 이런 심리 내지는 성향은 인류가 오늘날까지 생존하는 데 도움이 되거나, 적어도 인류가 진화의 초기에 멸종의 길에 들어서지 않게 했으니 그렇게 나쁜 것이 아니었다. 하지만 이제는 상황이 바뀌고 있다. 고도로 발달한 기술시대에 인류의 이런 성향은 인류를 파멸로 이끌지도 모른다. 그렇기 때문에 이런 악덕의 개선이 긴급한 것이다.

없는 중생의 행태에 대해 언급되어 있다. 많은 중생이 선업을 쌓지도 않고 도를 닦거나 덕을 쌓지도 않고 시간을 보내는데, 그렇게 지내다가 죽게 되면 혼자서 외롭게 어두운 세상을 갈 수밖에 없다. 죽은 후에 가는 세상은 선업이나 악업의 결과에 따라 받는 과보인데, 그럼에도 중생은 선악에 대한 인과의 도리마저 모르고 있다.

불국정토에서 다시 태어나기 위해서는, 아미타불을 향해 염원하고 선업을 쌓으며 마음을 정진해야 한다. 『관무량수경(觀無量壽經)』에는 불국토에 나고자 하는 사람이 닦아야 하는 세 가지 복에 대해 언급하고 있다. 첫째, 부모에게 효도하고 스승과 어른을 공경한다. 살아 있는 것을 죽이지 않는 자비심을 길러야 하며, 열 가지 착한 일(十善業)을 행해야 한다. 둘째, 불·법·승 삼보에 귀의한다. 도덕규범을 지키며 위의(威儀)를 어기지 않아야 한다. 셋째, 보리심을 내어 깊이 인과의 도리를 믿고 여래의 말씀을 독송해야 한다. 이 세 가지 청정한 업을 행함으로써 중생은 불국정토에 이를 수 있다.[46)]

유토피아는 어디에 있는가? 우리의 마음에 있지 않을까. 물질적으로 아무리 풍족하더라도 마음이 지옥이면 그곳은 지옥이 될 것이고, 몸이 조금 고달프더라도 마음이 극락이면 그곳이 곳 극락일 것이다. 물론 보통 사람들에게 마음만으로 극락에 갈 수 있다고 말할 수는 없다. 그래서 정토 사상과 같은 내세관이 있는 것이 아닐까? 현생에서 선업을 많이 쌓으면 다음 생에서는 아미타불이 계신 극락정토에서 다시 태어날 수 있다는 믿음 말이다.

페르손과 사불레스쿠에 따르면, 인류의 악덕에는 다음과 같은 것들이 있다. 우리는 낯선 자에게는 인색하게 굴고, 친족에게는 점잖게 행동하며, 할 수 있다면 남을 속인다. 인간은 해를 입지 않는 것을 이득을 보는 것보다 중시하는 뚜렷한 경향을 보인다. 가족이나 친구와 낯선 사람을 철저하게 구분하며, 우리의 교제 범위를 가까운 사람으로 제한하고 가까운 미래에 우리의 관심을 집중한다. 인간은 나쁜 결과를 불러오는 행위를 했을 때는 책임을 느끼지만, 우리가 속한 집단이 그런 행위를 했을 때는 책임을 덜 느낀다. 이런 심리 내지는 성향은 인류가 오늘날까지 생존하는 데 도움이 되거나, 적어도 인류가 진화의 초기에 멸종의 길에 들어서지 않게 했으니 그렇게 나쁜 것이 아니었다. 하지만 이제는 상황이 바뀌고 있다. 고도로 발달한 기술 시대에 인류의 이런 성향은 인류를 파멸로 이끌지도 모른다. 그렇기때문에 이런 악덕의 개선이 긴급한 것이다.

미주

1) 백운 초록, 덕산 역해, 『자유인의 길, 직지심경』, 비움과소통, 2011, 82쪽.

2) 임마누엘 칸트, "계몽이란 무엇인가에 대한 답변", 『칸트의 역사철학』(이한구 편역), 서광사, 1992, 13쪽.

3) 존 스튜어트 밀, 『자유론』, 문예출판사, 2009, 87쪽.

4) 백운 초록, 덕산 역해, 『자유인의 길, 직지심경』, 비움과소통, 2011, 182쪽.

5) Nick Bostrom, "Superintelligence: Answer to the 2009 Edge Question "What will change everything?"", www.nickbostrom.com

6) Nick Bostrom, "첨단 인공지능에 관한 윤리적 문제들", 2003(레이 커즈와일, 『특이점이 온다』, 김영사, 2007, 355쪽에서 재인용).

7) Nick Bostrom, 위의 책, 같은 곳.

8) 레이 커즈와일, 『특이점이 온다』, 김영사, 2007, 358쪽.

9) Nick Bostrom, 위의 책, 같은 곳.

10) 현웅, "깨달음과 역사, 그 이후"(최종본), 불교닷컴, http://www.bulkyo21.com/news/articleView.html?idxno=29811

11) 캐서린 헤일즈, 『우리는 어떻게 포스트휴먼이 되었는가』(허진 옮김), 플래닛, 2013, 24쪽.

12) 이상헌, 『철학, 과학기술에 다시 말을 걸다』, 김영사, 2016, 136-138쪽.

13) 이상헌, 위의 책, 138-141쪽.

14) 곽철환, 『불교의 모든 것』, 행성: B잎새, 2014, 42쪽.

15) 곽철환, 위의 책, 45쪽.

16) 이상헌, 『융합시대의 기술윤리』, 생각의 나무, 2012, 188-193쪽 참조.

17) 네이버 두산백과, "중유", http://terms.naver.com/entry.nhn?docId=1143720&cid=40942&categoryId=31543

18) 곽철환, 위의 책, 207쪽.

19) 로버트 에틴거, 『냉동인간』(문은실 옮김), 김영사, 2010.

20) 프랜시스 후쿠야마, 『부자의 유전자 가난한 자의 유전자』(송정화 옮김), 한국경제신문, 2003, 117쪽.

21) 곽철환, 위의 책, 349쪽.

22) 요세프 바-코헨, "생물모방학 - 현실, 도전, 그리고 전망", 『자연에서 배우는 청색기술』(이인식 외), 김영사, 2013, 222쪽.

23) 에른스트 슈마허, 『작은 것이 아름답다』(이상호 옮김), 문예출판사, 2001, 188쪽.

24) 군터 파울리, 『블루 이코노미』(이은주, 최무길 옮김), 가교출판, 2010, 42쪽.

25) 군터 파울리, 위의 책, 43쪽.

26) 재닌 베니어스, 『생체모방』(최돈찬, 이명희 옮김), 시스테마, 2010, 21쪽.

27) 재닌 베니어스, 위의 책, 22쪽.

28) 이상헌, "자연중심기술과 환경철학의 새로운 관점 모색", 『환경철학』 15집, 2013, 160-161쪽.

29) 이상헌, 위의 논문, 161쪽.

30) 이인식, "프롤로그: 자연은 위대한 스승이다", 『자연에서 배우는 청색기술』, 김영사, 2013, 22쪽.

31) 아리스토텔레스, 『니코마코스윤리학』, 이제이북스, 2006, 86쪽.

32) 마이클 하임, "가상현실의 형이상학", 『가상현실과 사이버스페이스』(산드라 헬셀, 쥬디스 로스 엮음, 노용덕 옮김), 세종대학교출판부, 1994, 64쪽.

33) 마이클 하임, 위의 글, 65-67쪽.

34) 이상헌, "따뜻한 기술을 위한 철학적 토대", 『따뜻한 기술』(이인식 기획), 고즈윈, 2012, 69-70쪽.

35) 임마누엘 칸트, 『도덕형이상학을 위한 기초 놓기』(이원봉 옮김), 책세상, 2002, 84쪽.

36) 곽철환, 위의 책, 99쪽.

37) 제임스 캔턴, 『퓨처스마트』(박수성, 이미숙, 장진영 옮김), 비즈니스북스, 2016, 46쪽.

38) 제임스 캔턴, 위의 책, 44쪽.

39) 이상헌, 『철학, 과학기술에 다시 말을 걸다』, 김영사, 2016, 112-113쪽.

40) 이상헌, 위의 책, 114-115쪽.

41) E. F. 슈마허, 『작은 것이 아름답다』(이상호 옮김), 문예출판사, 2001, 187-201쪽.

42) E. F. 슈마허, 위의 책, 2001, 73쪽.

43) 프랜시스 베이컨, 『새로운 아틀란티스』(김종갑 옮김), 에코리브르, 2002.

44) 곽철환, 『불교의 모든 것』, 행성: B잎새, 2014, 132-133쪽.

45) I. Persson & J. Savulescu, "Moral Transhumanism", *Journal of Medicine and Philosophy* 35(2010), pp.1-14 참조; I. Persson & J. Savulescu, *Unfit for the Future: The Need for Moral Enhancement*, Oxford Univ. Press, 2012 참조.

46) 곽철환, 위의 책, 2014, 135쪽.

철학자의 눈으로 본 **첨단과학과 불교**
인공지능과 불멸을 꿈꾸는 시대, 불교는 무엇을 할 수 있는가?

펴낸날 초판 1쇄 2017년 5월 3일
초판 3쇄 2024년 3월 13일

지은이 이상헌
펴낸이 심만수
펴낸곳 (주)살림출판사
출판등록 1989년 11월 1일 제9-210호

주소 경기도 파주시 광인사길 30
전화 031-955-1350 팩스 031-624-1356
홈페이지 http://www.sallimbooks.com
이메일 book@sallimbooks.com

ISBN 978-89-522-3623-4 03500

※ 값은 뒤표지에 있습니다.
※ 잘못 만들어진 책은 구입하신 서점에서 바꾸어 드립니다.
※ 각각의 그림에 대한 저작권을 찾아보았지만, 찾아지지 못한 그림은
저작권자를 알려주시면 대가를 지불하겠습니다.